W0258460

Mittheilungen
aus den
Königlichen technischen Versuchsanstalten
zu Berlin.
Herausgegeben im Auftrage der Königlichen Aufsichts=Kommission.

Ergänzungsheft I.   **1899.**

Bericht

über die

Raumbeständigkeit von zehn Portlandcementen

nach Versuchen der Königl. mechanisch=technischen Versuchsanstalt

und

der Kommission des Vereins deutscher Portlandcement=Fabrikanten

erstattet von

M. Gary,

Vorsteher der Abtheilung für Baumaterialprüfung.

———

Mit in den Text gedruckten Abbildungen und 2 Tafeln in Lichtdruck.

Springer-Verlag Berlin Heidelberg GmbH

Additional material to this book can be downloaded from http://extras.springer.com

ISBN 978-3-662-01956-6   ISBN 978-3-662-02252-8 (eBook)

DOI 10.1007/978-3-662-02252-8

Softcover reprint of the hardcover 1st edition 1899

I. Veranlassung zu den Versuchen.

In seiner Sitzung vom 28. Februar 1891 hat der Verein Deutscher Portlandcement-Fabrikanten folgende Meinungsäußerung kundgegeben[1]).

1. Die Probe der Normen auf Raumbeständigkeit des Portlandcementes ist bei sorgfältiger Ausführung hinreichend scharf und völlig genügend für praktische Zwecke.

2. Die bis jetzt bekannten beschleunigten Proben zum Erkennen der Nicht-Raumbeständigkeit des Portlandcementes: Kochprobe, Glühprobe, Darrprobe u. s. w. sind nicht geeignet, dem Konsumenten ein sicheres Urtheil über den Cement zu gestatten, weil es vorkommt, daß Portlandcemente, welche die beschleunigten Proben nicht bestehen, sich bei der Verwendung als durchaus raumbeständig erweisen.

Dem gegenüber ist von den Herren v. Tetmajer, Bauschinger, Dr. Michaelis und zuletzt von Herrn C. Prüßing behauptet worden, daß die Normenproben zur Beurtheilung eines Cementes ungenügend seien, besonders dann, wenn der Cement bei der praktischen Verwendung an der Luft erhärten soll.

Herr C. Prüßing stellte in der Generalversammlung des Vereins Deutscher Portlandcement-Fabrikanten vom 24. Februar 1894 im Anschluß an einen längeren Vortrag über „die normengemäße Prüfung und andere in den letzten Jahren vorgeschlagene Prüfungsmethoden der Portlandcemente" folgende Thesen auf:

1. Die Normenprobe auf Raumbeständigkeit des Cementes ist nicht mehr als genügend zu betrachten. Den Konsumenten ist keine ausreichende Sicherheit geboten, daß Cemente, welche lediglich auf Grund der heutigen Normen geprüft und für gut befunden worden sind, auch wirklich in jeder heute üblichen Weise verarbeitet und verwendet werden können.

2. Zwei Preßkuchenproben, welche sich nach 27 tägiger Erhärtung des einen in kaltem, des anderen in heißem Wasser von $+ 90 \, C^0$ als steinhart, vollständig unverbogen und rißfrei erwiesen haben, bieten vollkommene Sicherheit, daß der zu ihnen ver-

---

[1]) Vergl. Protokoll der Verhandlungen des Vereins deutscher Portlandcement-Fabrikanten 1893, Seite 50.

wendete Cement in Bezug auf Raumbeständigkeit allen gerechtfertigten Ansprüchen genügen wird.

3. Es ist wünschenswerth, daß als beschleunigte Prüfung auf Raumbeständigkeit die Preßkuchenprobe, welche 24 Stunden an der Luft erhärten, dann 2 Stunden unter kaltes und 24 Stunden in heißes Wasser von $+ 90\,C^0$ gelegt werden soll, in die Normen aufgenommen werde.

4. Als langsambindende Cemente dürfen nur solche bezeichnet werden, welche sich mindestens zwei Stunden lang nach dem Anmachen des Mörtels bei Normaltemperatur und Normalmörtelkonsistenz vollständig indifferent verhalten, also den Abbindeproceß vorher nicht anfangen.

5. Es ist nicht recht, einen langsambindenden Cement deshalb als verdächtig zu erklären, weil er beim Abbindeproceß eine merkliche Temperaturerhöhung zeigt, denn es giebt eine Menge ausgezeichneter, langsambindender Cemente, welche den Abbindeproceß erst nach fünf bis sechs Stunden beginnen und in einer Stunde darauf vollständig beenden, in welcher Zeit sich dann häufig eine Wärmeerhöhung von 5 bis $7\,C^0$ zeigt. Solche Cemente sind aber, vorausgesetzt, daß sie die Preßkuchenprobe aushalten, meistens besser als andere, welche den Abbindeproceß nach $^1/_2$ bis 1 Stunde beginnen und in 7 Stunden beendet haben, welche aber bei der Langsamkeit des Abbindeprocesses keine Wärmeerhöhung aufweisen.

6. Es ist unrichtig, die Qualität eines Portlandcementes nach der 28 tägigen, in kaltem Wasser erhärteten Zugprobe allein zu bemessen, dieselbe sollte nach den Resultaten der Druckprobe, und zwar der unter kaltem Wasser erhärteten nach 7 oder 14 Tagen und 28 Tagen, bemessen werden.

Diese Thesen gaben dem Verein Veranlassung, eine Kommission mit der Beantwortung folgender Frage zu betrauen:

Gestattet die Normenprobe auf Raumbeständigkeit des Portlandcementes ein richtiges Urtheil über das Verhalten eines Cementes bei der Verwendung oder thut es eine der vorgeschlagenen (abgekürzten) Proben in zuverlässiger Weise?

Die Komission wurde gebildet aus den Herren:

Dr. Schumann, Amöneburg, Vorsitzender,

F. M. Meyer, Malstatt,

C. Prüßing, Hemmoor,

Dr. Prüßing, Rüdersdorf,

F. Schiffner, Oberkassel,

C. Schindler, Weisenau bei Mainz,

F. Schott, Heidelberg,

Dr. Tomëi, Finkenwalde.

Am 18. Januar 1896 starb Herr Dr. Tomëi; an seine Stelle trat Herr Paulsen, Finkenwalde.

Der Kommission, welche auch die Aufgaben der schon früher gewählten Kommission für die Bestimmung der Bindezeit von Portlandcement, Vorsitzender Herr Schiffner, mit übernahm, und welche später ihre Arbeiten gemeinsam mit der Königl. mechanisch-technischen Versuchsanstalt in Charlottenburg ausführte [1]), lag zuerst ein von Herrn C. Prüßing aufgestelltes Arbeitsprogramm vor, welches mit der Zeit durch Anträge der Kommissionsmitglieder und der Versuchsanstalt wesentliche Aenderungen erfuhr.

Allgemein war man der Ansicht, der Schwerpunkt der Arbeiten der Kommission müsse darin liegen, die Raumänderungen und die Festigkeit der Portlandcemente an fetten und mageren Mörteln auf längere Zeit unter Bedingungen festzustellen, wie sie der Verwendung in der Praxis entsprechen, insbesondere beim Erhärten an der Luft. Nach dem Vorschlage des Herrn C. Prüßing sollten 12 namhaft gemachte Cementmarken aus dem Handel aufgekauft und an die Mitglieder vertheilt werden.

Die Mehrzahl der Mitglieder neigte jedoch der Ansicht zu, daß es zweckmäßig wäre, zu den Untersuchungen vorzugsweise solche Cemente heranzuziehen, welche die Kochprobe und vielleicht auch die Darrprobe bei 100 C[0] nicht bestehen, die Normenprobe dagegen aushalten.

Um über die verschiedenen Vorschläge eine Einigung herbeizuführen, fand am 22. Mai 1895 in Frankfurt a. M. eine Kommissionssitzung statt, an welcher die Herren Dr. Schumann, Meyer, C. Prüßing, Schiffner, Schindler, Schott und Tomëi theilnahmen. In dieser Sitzung wurden die von Herrn C. Prüßing aufgestellten Thesen einzeln besprochen. In der Erörterung hierüber wurde im Wesentlichen beschlossen, von allen zu prüfenden Cementen die Bindezeit mitzubestimmen und die Zeit des Beginnes und des Endes der Erhärtung, sowie die entsprechenden Wärmegrade und den Feuchtigkeitsgehalt der Luft im Protokoll niederzuschreiben.

Da der Satz der Normen über die Wärmeerhöhung beim Abbinden in der Praxis zu großen Unzuträglichkeiten geführt hat, wurde beschlossen, die Arbeiten der Kommission auch auf diesen Punkt auszudehnen.

Bezüglich der Raumbeständigkeitsproben bei hohen Wärmegraden wurde beschlossen, alle vorgeschlagenen Methoden miteinander zu vergleichen, die sich in der Praxis leicht ausführen lassen, und nur die Erdmengersche Hochdruckprobe, wegen der Schwierigkeit der Ausführung, fallen zu lassen.

Der Arbeitsplan für die Raumbeständigkeitsproben wurde festgelegt. Die Vorschriften für die Ausführung der einzelnen Proben werden weiter unten wiedergegeben werden.

Neben den Raumbeständigkeitsproben wurde die Ausführung von Festigkeitsversuchen und zwar unter Verwendung von Normalsand und von natürlichem Rheinsand beschlossen. Der Normalsand sollte nur zur Charakterisirung der Normeneigenschaften der Cemente dienen, Rheinsand sollte dagegen für die größere Reihe der Versuche benutzt werden, um den Körpern eine der praktischen Verwendung nahe kommende Zusammensetzung zu geben.

Zur weiteren Charakterisirung der zu prüfenden Cemente wurde ferner beschlossen, Messungen mit dem Bauschingerschen Taster vorzunehmen und zwar unter Verwendung von Glasplättchen. Der Siebrückstand der Cemente sollte nach den Normen bestimmt werden.

Alle übrigen Proben, welche etwa für erwünscht gehalten würden, so insbesondere die Bestimmung des spezifischen Gewichtes und die Analyse der Cemente sollten den einzelnen Mitgliedern überlassen bleiben.

---

[1]) Vergl. Protokoll der Verhandlungen 1892, Seite 95, 1893, Seite 59, 1894, Seite 130, 1895, Seite 63.

Um festzustellen, ob zwischen den Prüfungsmethoden der einzelnen Mitglieder Uebereinstimmung besteht oder nicht, wurde beschlossen, einen vom Vorsitzenden der Kommission zu beschaffenden Cement, der möglichst die Normenprobe, jedoch nicht die Kochprobe besteht, von sämmtlichen Mitgliedern allen den Prüfungen unterziehen zu lassen, die innerhalb vier Wochen fällig werden. Bei günstigem Ausfalle der Vorprüfungen sollten die weiteren Cemente nur von 2 bis 3 Mitgliedern untersucht werden und die Arbeitsvertheilung dem Vorsitzenden überlassen bleiben.

In Verfolg dieser Beschlüsse hat der Vorsitzende der Kommission, Herr Dr. Schumann, am 19. Oktober 1894 an die Mitglieder der Kommission je ein Fäßchen Portlandcement gesandt, der nach vorläufiger Untersuchung die Kochprobe nicht aushielt, dagegen die Normenprobe bestand. Dieser Cement sollte mit dem gleichzeitig übersandten Rheinsand zur Herstellung von Festigkeitsproben und zur Anstellung der in dem vorläufigen Arbeitsprogramm vorgesehenen Raumbeständigkeitsproben benutzt werden. In Betreff der weiter vorzunehmenden Versuche schlug Dr. Schumann vor, die Kommission in drei Versuchsgruppen zu theilen und die Arbeitstheilung, sowie die Vertheilung der Cemente so vorzunehmen, daß jede Gruppe, bestehend aus je 3 bezw. 2 Kommissionsmitgliedern je 20 verschiedene Portlandcemente prüfen sollte. Danach hätten 60 verschiedene Portlandcemente den Prüfungen unterworfen werden müssen; und zwar sollte jeder Cement derselben Firma einmal, wenn er die Kochprobe besteht und zum andern Male, wenn er sie nicht besteht, zur Prüfung gelangen.

Im Anschlusse an diese Verhandlungen wurden dann noch Vorversuche geplant und ausgeführt, welche sich auf die Ausführung der Dehnungsmessungen mittelst des Bauschinger-Tasterapparates unter Verwendung von Glasplättchen oder Metallplättchen erstreckten. Aus den Versuchen ging hervor, daß die Methode sowohl unter Verwendung von Glas- als auch von Metallplättchen erhebliche Mängel hat; mit beiden wurden von einzelnen Mitgliedern bedeutende Schwankungen in den Messungen gefunden.

II. Arbeitsplan.

Nachdem die Vorarbeiten der Kommission soweit wie geschildert gediehen waren, beschloß der Verein Deutscher Portlandcement-Fabrikanten die weiteren grundlegenden Arbeiten für die geplante Revision der Normen gemeinsam mit der Königlichen mechanisch-technischen Versuchsanstalt in Charlottenburg auszuführen. Namentlich wäre es wünschenswerth, bei der Wichtigkeit der Frage über die Brauchbarkeit oder Unbrauchbarkeit der vorgeschlagenen Raumbeständigkeitsproben auch diese Versuche unter Mitwirkung der Versuchsanstalt, gemeinsam mit ihr auszuführen.

In einer Sitzung der Kommission am 23. November 1895, an welcher die Herren Dr. Schumann, Meyer, C. Prüßing, Dr. Prüßing, Schott, Dr. Toměi, Martens und Gary theilnahmen, wurde beschlossen, von den bisher vorgeschlagenen 60 Cementen und ihrer Vertheilung auf die Kommissionsmitglieder abzusehen und die Mitglieder des Vereins zu ersuchen, solche Cemente zu bezeichnen, welche die Kochprobe nicht bestehen, sich aber in der Praxis bewähren.

Im Uebrigen wurde die Beschaffung der Cemente der Versuchsanstalt überlassen, der es freigestellt wurde, nöthigenfalls auch ausländische Cemente zu den Versuchen mit heranzuziehen. Alle Cemente sollten sofort nach Eingang mit einer Ziffer bezeichnet an die Versuchsanstalt und je drei Kommissionsmitglieder ausgegeben werden.

Ein weiterer Beschluß ging dahin, die Versuche auf die beste Art der Bestimmung der Abbindezeit vorläufig aus dem Arbeitsplan auszuscheiden.

Betreffs der Ausführung der Messungen mit dem Bauschinger-Tasterapparate wurde die Verwendung von Glasplättchen beschlossen und gleichzeitig vorgeschrieben, die Cementstäbe nicht zu stark zu glätten und liegend auf gelochten Blechen oder auf Latten, nicht aber stehend aufzubewahren, weil die bisherigen Erfahrungen dafür zu sprechen schienen, daß sich die stehend aufbewahrten Körper leichter verziehen.

Da sich die Firma Dyckerhoff und Widmann in Amöneburg bereit erklärte, aus den zu prüfenden Cementen kleine Ornamentstücke herzustellen und im Freien aufzubewahren, so wurde beschlossen, auch dieser Firma Proben der Cemente zuzusenden.

Die Versuchsanstalt stellte nun unter Berücksichtigung der früher gemachten Vorschläge der Kommission einen Arbeitsplan und ein Protokoll für die Aufzeichnung der Versuchsergebnisse zusammen, welches nachstehend abgedruckt ist, und aus welchem gleichzeitig der Umfang der zur Ausführung bestimmten Versuche ersichtlich ist.

Leider hat die Kommission von der Ausführung von Druckversuchen neben den Zugversuchen absehen müssen, weil die Arbeit sonst zu groß geworden wäre. Dagegen sind auf Grund eines später gefaßten Kommissionsbeschlusses nachträglich noch die chemischen Analysen der zehn Cemente — und zwar in der Königlichen chemisch-technischen Versuchsanstalt zu Berlin — ausgeführt worden.

Protokoll
über Raumbeständigkeits- und Bindezeit-Prüfungen von Portlandcement.

Marke ....

Nach dem Arbeitsplan der vereinigten Kommission des Vereins deutscher Portlandcement-Fabrikanten für Prüfung auf Raumbeständigkeit und Bindezeit sind folgende Prüfungen auszuführen:

I. Die allgemeinen Eigenschaften.
  a) Bindezeit, einschließlich Wärmeerhöhung und Erhärtungsanfang.
  b) Mahlung.
  c) Raumbeständigkeit (Normenprobe und beschleunigte Proben).

II. Ausdehnungsfähigkeit.
  a) für reinen Cement.
  b) für Mörtel aus 1 Gew.-Thl. Cement + 3 Gew.-Thl. Rheinsand
    für 24 Stunden, 28 Tage, 3 Monate, 1 Jahr, 2 und 4 Jahre.

III. Festigkeitseigenschaften.
  a) Zug und Druckfestigkeit des Mörtels aus 1 Gew.-Thl. Cement + 3 Gew.-Thl. Normalsand (mit 10 % Wasser) für 28-tägige Erhärtung unter Wasser, mit dem Hammerapparat eingeschlagen. } 10 Zug- und 10 Druckproben.
  b) Zugfestigkeit des Mörtels aus:
    α) 1 Gew.-Thl. Cement + 1 Gew.-Thl. Rheinsand (mit 12 % Wasser) von Hand eingeschlagen (Gewicht des Spatels 750 g): 150 Zugproben,
    β) 1 Gew.-Thl. Cement + 3 Gew.-Thl. Rheinsand (mit 10 % Wasser) mit dem Hammerapparat eingeschlagen: 150 Zugproben
    für 28 Tage, 3 Monate, 1, 2 und 4 Jahre alte Proben bei folgenden Erhärtungsarten:
      1. 24 Stunden an der feuchten Luft, die übrige Zeit unter Wasser,
      2. 24 „ „ „ „ „ 3 Tage in Wasser, dann an der Luft,
      3. 24 „ „ „ „ „ dann nur an der Luft.

IV. Verhalten der aus dem Cement hergestellten Cementwaaren gegenüber dem Witterungseinfluß.

III. Beschaffung der Materialien.

Nachdem der Arbeitsplan der Versuchsanstalt die Zustimmung der Kommission gefunden hatte, wurde an sämmtliche Mitglieder des Vereins Deutscher Portlandcement=Fabrikanten am 23. Dezember 1895 ein Rundschreiben gerichtet, mit der Anfrage, ob es den Fabrikanten möglich sein würde, eine Tonne Cement einzusenden, der nach ihrer Meinung die Kochprobe nicht besteht, sich aber in der Praxis gut bewährt hat. Gleichzeitig wurde um Mittheilung ersucht, um welche Marke es sich handle, damit diese nicht doppelt beschafft würde und in welcher Zeit dem Eingange des Cementes entgegengesehen werden könne. Vollste Verschwiegenheit wurde zugesichert. Der Cement solle nur unter einer Buchstaben= oder Zifferbezeichnung zur Prüfung gegeben werden.

Auf dieses Rundschreiben gingen von 42 Fabrikanten Antwortschreiben ein, von denen 24 mittheilen, daß ihr Cement die Kochprobe bestehe. Ein Fabrikant hatte über den Ausfall der Kochprobe noch keine Erfahrung, 17 Fabrikanten gaben an, daß ihr Cement die Koch=probe nicht bestehe, sich aber in der Praxis gut bewährt habe und sandten je eine Tonne dieses Cementes an die Versuchsanstalt zur Prüfung ein. Zwei dieser Cemente, die am 17. Dezember 1895 bezw. 25. Januar 1896 eingingen, aber erst am 15. bezw. 16. März 1896 in der Versuchsanstalt auf Kochsicherheit geprüft werden konnten und hierbei die Koch=probe bestanden, schieden aus der Reihe aus. Zu einem dieser Cemente theilte der Fabrikant nachträglich mit, daß die Sendung auf einem Irrthum beruhe, und daß er keine Cemente erzeuge, welche die Kochprobe nicht bestehen. Der andere Fabrikant sandte einen neuen Cement ein, der sich nunmehr als kochunsicher erwies.

Aus den somit verbleibenden 16 Cementen wurden 6 aus folgenden Gründen aus=geschieden:

Von einem Cement war der Fabrikant selbst nicht sicher, ob er nicht doch die Kochprobe aushält. Ein zweiter Cement war doppelt eingeschickt worden, und zwar war einmal der Ein=sender nicht selber Fabrikant der eingesandten Waare. Von einem dritten Cemente theilte der Fabrikant mit, daß er schnell bindend und als durchaus raumbeständig bei der Darrprobe und im Wasserbade zu betrachten sei, wenn auch die Kochprobe eine starke Verkrümmung zeige. Der Cement schien für den vorliegenden Zweck ungeeignet. Schließlich gingen zwei Cemente verspätet und einer ohne Begleitschreiben ein, so daß auch diese ausgeschieden wurden.

Von den nun verbleibenden, den Prüfungen unterworfenen zehn Cementmarken machen die Fabrikanten folgende Angaben:

Cement A. Baumarke einer süddeutschen Cementfabrik, für Betonirungs=arbeiten und zur Plattenfabrikation gut geeignet.

Cement B. Portlandcement einer mitteldeutschen Fabrik ohne nähere Angaben.

Cement C. Portlandcement einer norddeutschen Cementfabrik. Proben aus einer Mahlung zweier Tage, die eine schlechte Kochprobe ergaben. Der Kuchen krümmte sich etwas, zeigte starkes Netzwerk, war nach fast dreistündigem Kochen zuerst sehr mürbe, wurde aber nach wenigen Stunden an der Luft etwas fester. Die gleichzeitig angemachten Kugeln zeigten nur einen etwa 3 cm langen feinen Haarriß mit zwei noch kürzeren, feinen Abzweigungen. Die Kuchen waren mit 100 g Cement bei etwa 20 C° mit 27½ % Wasser angemacht und wurden sofort in die Naßkammer gelegt. Nach etwa 19 Stunden kamen sie 1½ Stunden

Ia. Abbindeverhältnisse.

Versuch Nr.	Verfahren	Wärme des Cements	Wärme des Wassers	Wärme der Luft	Feuchtigkeit der Luft	Wasserzusatz	Verlauf der Erhärtung						
							Zeit nach welcher die Wärmeerhöhung beginnt	Wärmeerhöhung Max.	Angemacht um Uhr	Erhärtungsanfang		Erhärtungsende	
		beim Versuchsbeginn								um	also nach	um	also nach
		C°	C°	C°	%	%	Stb. | Min.	C°	Stb. | Min.	Stb. | Min.	Stb. | Min.	Stb. | Min.	Stb. | Min.

Folgen die Einzel-Ergebnisse der Kuchenprobe und der Nadelprobe.

Ib. Feinheit der Mahlung.

Auf dem Siebe von Maschen für 1 qcm	1. Versuch	2. Versuch	im Mittel
	Rückstand %		
5000			
900			

Ic. Raumbeständigkeit.

Nr.	Datum Tag	Monat	Jahr	Hergestellt wurden:	Bezeichnung der Proben
1				**Für die Normenprobe und die Proben bei Zimmerwärme.** a) 16 Kuchen aus je 100 g Cement von etwa .... cm Durchmesser und .... cm Dicke in der Mitte mit .... % Wasser mit dünn auslaufenden Rändern, b) 16 Kuchen desgl. mit abgerundeten Rändern, für folgende Erhärtungsarten: α) nur im Wasser, β) 3 Tage im Wasser, dann an der Luft, γ) nur an der Luft im Zimmer, δ) nur an der Luft im Freien, jedoch unter Dach, } vorher sämmtlich 24 Stunden in feuchter Luft	
2				**Für die Darrprobe bei 100 C°.** Je 4 Kuchen wie unter Nr. 1 a und b.	
3				**Für die Heintzel'sche Kugel- (Glüh-)probe.** 4 Kugeln von je 5 cm Durchmesser.	
4				**Für die Kochprobe nach Michaelis.** Je 4 Kuchen wie Nr. 1 a und b, event. je weitere 4 Kuchen für 1-, 2-, 3- und 4-wöchentliche Erhärtungsdauer.	
5				**Für die Kugelkochprobe nach Tetmajer.** 4 Kugeln von 5 cm Durchmesser.	
6				**Für die Heißwasserprobe nach Maclay.** 6 Kuchen von 8 cm Durchmesser, 1½ cm Dicke mit .... % Wasser und Glasplatten ausgegossen.	
7				**Für die Preßkuchenprobe nach Prüßing (Druck von 50 Atm.).** 4 Kuchen mit 5 bis 8 % Wasser von etwa .... cm Durchmesser und .... cm Dicke.	

Ergebnisse der Raum=

Art der Behandlung	Raumbeständigkeitsproben bei Zimmerwärme 24 Stunden in feuchter Luft, dann								Darrprobe		Heintzelsche Kugelprobe (Glühprobe)
	nur im Wasser (Normenprobe)		3 Tage unter Wasser, hierauf an der Luft		nur an der Luft im Zimmer		nur an der Luft im Freien unter Dach		Kuchen mit dünnen Rändern	Kuchen mit abgerundeten Rändern	Kugeln auf eine Gipsplatte gelegt, bis sie hart sind (ca. 5 Minuten). Auf dünner Eisenblechplatte über Bunsenbrenner erhitzt. Spitze der Flamme soll die Platte erst nicht erreichen. Nach 1½ Stunden wird die Flamme gesteigert, bis sie die volle Fläche bestreicht 2 Stunden lang erhitzt.
				Ränder der Kuchen					24 Stunden in feuchter Luft erhärtet. Bei 100 C° in mit kochendem Wasser geheiztem Luftbad auf einer Metallplatte gedarrt, bis keine Wasserdämpfe mehr entweichen (ca. 3 Stunden)		
	dünn auslaufend	dick, rund	dünn auslaufend	dick, rund	dünn auslaufend	dick, rund	dünn auslaufend	dick, rund			
Bezeichnung											
Ergebniß für 7 Tage u. s. w.	Folgen die Ergebnisse der Beobachtung nach 7 Tagen, 28 Tagen, 3 Monaten, 1 Jahr, 2 Jahren, 3 u. 4 Jahren.										

II. Messung der Ausdehnung.

Je 5 Prismen von 10 cm Länge und 5 qcm Querschnitt
1. aus reinem Cement normengemäß eingeschlagen, also mit 20—22% Wasser.
2. aus 1 Gew.=Thl. Cement + 3 Gew.=Thl. Rheinsand mit 10% Wasser.
24 Stunden in feuchter Luft, dann in Wasser erhärtet.

Versuch Nr.	Mischung	Ablesung in 1/1000 mm, nach														
		24 Stunden		28 Tagen	Differenz + —	3 Monaten	Differenz + —	1 Jahr	Differenz + —	2 Jahren	Differenz + —	4 Jahren	Differenz + —			
		Je fünf Körper aus reinem Cement und aus Mörtel 1 Cement + 3 Rheinsand.														

III. Festigkeit.

Hergestellt am			Zahl der Zug- proben bezw. Druckproben	Mischung	Wasser= zusatz %	Mittleres Gewicht der Proben nach dem Einschlagen	Rauminhalt der Proben	Raumgewicht (Dichte)	Zeichen der Probekörper	Zur Prüfung nach				
Tag	Mon.	Jahr								28 Tagen	3 Monaten	1 Jahr	2 Jahren	4 Jahren
										am				

1 Gew.=Thl. Cement + 3 Gew.=Thl. Normalsand.		
28 Tage alte Proben		
Versuch Nr.	Zugfestigkeit kg/qcm	Druckfestigkeit
		Bruchlast kg	kg/qcm
Je 10 Einzelversuche.		

Beständigkeitsproben.

Kochprobe nach Michaelis		Kugelprobe nach Tetmajer	Heißwasserprobe nach Maclay						Preßkuchenprobe nach Prüßing	
Dünne Kuchen mit dünn auslaufenden Rändern	Dicke Kuchen mit dicken, abgerundeten Rändern	Kugeln 24 Stunden in feuchter Luft erhärtet, in einem Wasserbade in 1¼ Stunden zum Kochen gebracht und 6 Stunden gekocht	6 Kuchen von der Glasplatte losgelöst.						4 Kuchen sogleich aus der Form genommen, 24 Stunden in einem Kasten gegen Ausdünstung geschützt und dann in kaltes Wasser gelegt	
			1 Kuchen sofort nach dem Gießen	1 Kuchen nach dem Abbinden	1 Kuchen nach der doppelten Abbindezeit	1 Kuchen nach 24 Stunden	1 Kuchen nach dem Abbinden in frisches Wasser von etwa 15 C°	1 Kuchen in feuchter Luft von etwa 15 C° gehalten	2 Kuchen nach 2 Stunden aus dem Wasser genommen und in ein Wasserbad von 90—100 C° gelegt. Nach 4- und 24-stündigem Aufenthalt im heißen Wasser zu beobachten	2 Kuchen 28 Tage in kaltem Wasser erhärtet
24 Stunden in feuchter Luft erhärtet, in einem Wasserbade in 10 Minuten zum Kochen gebracht und 3 Stunden gekocht			3 Stunden in ein Dampfbad von 90—95 C.°, dann 21 Stunden lang in kochendes Wasser							
Folgen die Ergebnisse der Beobachtung nach einer Woche, 2, 3 und 4 Wochen			Nach 3 Stunden Dampfbad und Nach 21-stündigem Kochen						Nach 4 Stunden und Nach 24 Stunden	

Festigkeitsergebnisse.

Zugfestigkeit in Kilogramm für 1 qcm.

Alter	28 Tage	3 Monate	1 Jahr	2 Jahre	4 Jahre	Bemerkungen
Versuch Nr.	1 Gew.-Thl. Cement + 1 Gew.-Thl. Rheinsand.					24 Stunden an der feuchten Luft, die übrige Zeit unter Wasser erhärtet.
	Je 10 Einzelversuche.					
	1 Gew.-Thl. Cement + 3 Gew.-Thl. Rheinsand.					
	Je 10 Einzelversuche.					

Festigkeitsergebnisse.

Zugfestigkeit in Kilogramm für 1 qcm.

Alter	28 Tage	3 Monate	1 Jahr	2 Jahre	4 Jahre	Bemerkungen
Versuch Nr.	1 Gew.-Thl. Cement + 1 Gew.-Thl. Rheinsand.					24 Stunden an der feuchten Luft, drei Tage in Wasser, dann an der Luft erhärtet.
	Je 10 Einzelversuche.					
	1 Gew.-Thl. Cement + 3 Gew. Rheinsand.					
	Je 10 Einzelversuche.					

Festigkeitsergebnisse.

Zugfestigkeit in Kilogramm für 1 qcm.

Alter	28 Tage	3 Monate	1 Jahr	2 Jahre	4 Jahre	Bemerkungen
Versuch Nr.	1 Gew.-Thl. Cement + 1 Gew.-Thl. Rheinsand.					24 Stunden an der feuchten Luft, dann nur an der Luft erhärtet.
	Je 10 Einzelversuche.					
	1 Gew.-Thl. Cement + 3 Gew.-Thl. Rheinsand.					
	Je 10 Einzelversuche.					

IV. Verhalten der aus dem Cement mit ——— Gew.-Thl. Rheinsand hergestellten Cementwaaren im Freien.

Aus dem Cement wurde mit ——— Gew.-Thl. Rheinsand am ————————————

hergestellt: ——

——

indem: ——

Die Körper kamen ins Freie am: ————————————————————————————

wurden beobachtet

Ergebniß:

     1. am ————————————

u. s. w.

in Dampf und dann ebenso lange in kochendes Wasser. Die Kugeln wurden aus 200 g Cement mit 10 % Wasser angemacht und sehr fest zusammengepreßt, um möglichst alle Räume mit Cement auszufüllen. Die Kugeln wurden ebenfalls in der Naßkammer vor dem Verdunsten des Wassers geschützt und dann nach 19 bis 20 Stunden auf eine sehr heiße Spiritusflamme ohne Drahtgewebe oder Zwischenblech gebracht. Kugeln mit 18 bis 20 % Wasser sind in der Fabrik als zu schwache Proben verworfen worden. Wasserproben und Luftproben des Cementes fielen sehr gut aus. Die Zugfestigkeit ermittelte die Fabrik nach 7 Tagen zwischen 10 und 17$\frac{1}{2}$, nach 28 Tagen zwischen 19 und 21$\frac{1}{2}$ kg/qcm. Die als zweifelhaft befundene Mahlung wurde vom Versandt ausgeschlossen, dagegen mehrfach auf dem Werke selbst verwendet z. B. zu Beton 1:6, 8 cm hoch und darüber 1:1, 2 cm hoch. Ferner zum Verputz 1:2, zu einem Wasserbassin zum Einweichen der Faßreifen 150 cm hoch, 200 cm breit, 600 cm lang, und zu verschiedenen anderen Zwecken.

Einzelne dieser Arbeiten wurden absichtlich beim ersten Eintritte der Nachtfröste vorgenommen. Dennoch sind sämmtliche Gegenstände vollkommen fest und rißfrei geblieben. Die Kochprobe hat sich bei diesem Theil des Cementes bis zum Tage der Einsendung an die Versuchsanstalt nicht gebessert, während die anderen Fabrikate die Kochprobe tadellos bestehen.

Cement D. Langsam bindender Portlandcement aus einer süddeutschen Fabrik, gemahlen am 19. Dezember 1895. Bindezeit neun Stunden bei einer

Wärme des Cementes von 9 C⁰, des Wassers von 10 C⁰ und einem Wasserzusatz von 24 %. Der Cement besteht die Normenprobe und die Warmwasserprobe bis 75 C⁰, aber nicht die Kochprobe, und wird sich nach Erfahrung der Fabrikleitung in der Praxis vollkommen bewähren. Einen Theil des Cementes hat die Fabrikleitung aus dem Fasse entnommen und davon Normenzugproben u. s. w., sowie Mörtelproben rein und mit Sand zum Lagern im Freien hergestellt.

Cement F. Portlandcement einer süddeutschen Fabrik, der nach Angabe der Fabrikleitung die Kochprobe nicht vollständig aushält, sich aber in der Praxis bewähren wird.

Cement G. Portlandcement einer westdeutschen Fabrik, der nach Meinung der Fabrikleitung die Kochprobe nicht besteht, sich aber in der Praxis gut bewährt hat.

Cement H. Portlandcement einer Fabrik der österreichisch-ungarischen Monarchie.

Cement J. Cement aus einer anderen österreichischen Fabrik. Er wird als Marke II angesehen, aus trocken gepreßten Ziegeln gebrannt und in Kugelmühlen gemahlen. Der Cement soll im frischen Zustande die Kochprobe selten bestehen, und seit Jahren in den Handel gebracht werden, ohne bisher zu einem Tadel Veranlassung gegeben zu haben.

Cement L. Portlandcement einer süddeutschen Fabrik, dessen Treiberscheinungen nach Angabe der Fabrikleitung bei längerem Lagern wieder verschwinden.

Cement U. Portlandcement einer süddeutschen Portlandcement-Fabrik, der frisch aus dem Ringofen ohne jede Ablagerung der Klinker gemahlen und von der Mühle weg verpackt wurde. Der Cement ging am 7. April 1896 bei der Versuchsanstalt ein und sollte nach Erfahrungen der Fabrik nach vier bis sechs Wochen kochsicher sein. Wiederholte ausgedehnte Versuche haben der Fabrik gezeigt, daß dieser frische und dadurch kochunbeständige Cement in der Praxis sich vollkommen bewährt und gute Festigkeit ergiebt.

Die vorstehend näher geschilderten für die Versuche bestimmten 10 Cemente wurden nach Möglichkeit sogleich nach Eingang in der Versuchsanstalt den Prüfungen unterworfen. Der nicht benutzte Theil des Cementes aus jedem Fasse wurde in zwei Hälften getheilt, sogleich in Blechbüchsen gebracht, verlöthet und an je zwei Mitglieder der Kommission versandt. Von der Abgabe des Cementes aus jedem Fasse an drei Mitglieder der Kommission mußte abgesehen werden, da sonst der Cement aus einem Fasse nicht ausgereicht hätte.

Somit erhielten aus jedem der zehn Fässer je zwei Mitglieder der Kommission und die Versuchsanstalt etwa je 50 kg Cement. Der Rest des Cementes wurde an die Cementwaarenfabrik Dyckerhoff & Widmann zur Anfertigung von Cementwaaren geschickt.

Auf diese Weise erhielten:

Die Versuchsanstalt und die Firma Dyckerhoff & Widmann je zehn Cementsorten,

Herr Dr. Schumann und Herr Meyer	Marke A, F und H,
Herr C. Prüßing und Herr Dr. Prüßing	„ B, J und U,
Herr Schiffner und Herr Schindler	„ C und L,
Herr Schott und Herr Dr. Tomëi	„ G und D.

Jeder Sendung waren die erforderlichen Protokolle und eine Anweisung über die Behandlung des Cementes beigegeben. Namentlich wurde auf die Nothwendigkeit hingewiesen,

die Versuche sogleich zu beginnen und den Cement in einem dicht schließenden Gefäße
aufzubewahren.   Der zu den Proben verwendete Rheinsand wurde den einzelnen Mitgliedern
von Dr. Schumann übersandt, während die Beschaffung des Normalsandes für die Normen=
proben jedem Mitgliede selbst überlassen blieb.

IV. Versuchsausführung.

Bei Ausführung der Versuche und Herstellung der hierzu erforderlichen Probekörper
in der Versuchsanstalt wurden im Allgemeinen die üblichen Verfahren beobachtet.   Ueber die
Art der Versuchsausführung an den anderen Stellen ist dem Berichterstatter nur bekannt, daß
sie sich — so weit angängig — den Vorschriften der Normen anpaßte.

Eine Reihe äußerer Umstände, vor allem auch die Thatsache, daß die Cemente nicht
überall unmittelbar nach Eingang zur Prüfung gelangten, haben indessen theilweise große Ver=
schiedenheiten in den Ergebnissen bewirkt, wie weiter unten sich zeigen wird.   Den Versuchs=
ergebnissen ist gleichmäßiger Werth nicht zuzusprechen, indessen giebt die Gesammtheit der
Versuche doch das beabsichtigte übersichtliche Bild des Verhaltens der Cemente unter dem Ein=
flusse der verschiedenen Proben.

a) Die Prüfung auf Abbindezeit erfolgte an Kuchen auf Glasplatten und in Hart=
gummidosen, in welche der normengemäß angerührte Cementbrei eingefüllt wurde.   Die Kuchen
wurden als abgebunden betrachtet, wenn bei einem leisen Drucke mit dem Fingernagel bezw.
bei vorsichtigem Aufsetzen der Vicat schen Nadel mit 1 qmm kreisrundem Querschnitt kein
Eindruck im Cement mehr sichtbar war.   Die zu prüfenden Cemente wurden mit dem zum
Anmachen bestimmten Wasser vor der Prüfung eine Nacht über in dem Abbinderaum auf=
bewahrt.   Luft= und Wasserwärme, sowie Feuchtigkeit in der Luft ist vor Beginn des Ver=
suches jedesmal festgestellt worden.

b) Für die Siebversuche wurden die in der Versuchsanstalt üblichen Siebe benutzt.
Die Siebung wurde jedesmal so lange fortgesetzt, bis keine Cementtheilchen mehr durch die
Siebe hindurchgingen (scharfe Siebung).   Um auch die vielfach vorhandenen durch geringe
Feuchtigkeit zusammengebackenen Klümpchen zu zertheilen, wurden von der Versuchsanstalt
2—3 Steinkügelchen auf das Sieb gegeben.

c) Für die Raumbeständigkeitsprüfungen wurden von jedem Cement folgende
Körper angefertigt:

1. Für die Normen= und Luftproben
    a) 16 Kuchen aus je 100 g Cement von etwa 10 cm Durchmesser und 1 cm
       Dicke in der Mitte mit dünn auslaufenden Rändern,
    b) 16 Kuchen desgl. mit abgerundeten Rändern für folgende Erhärtungsarten:

α nur im Wasser
β 3 Tage im Wasser, dann an der Luft   vorher sämmtlich
γ nur an der Luft im Zimmer   24 Stunden
δ nur an der Luft im Freien, jedoch unter Dach   in feuchter Luft.

2. Für die Darrprobe bei 100 C⁰ je vier Kuchen derselben Form wie unter 1a und b.
3. Für die Heintzel sche Kugel= (Glüh=)probe vier Kugeln von etwa 5 cm Durchmesser.
4. Für die Kochprobe nach Michaelis je vier Kuchen von der Form wie unter 1a und
    b, nöthigenfalls je weitere vier gleiche Kuchen für 1=, 2=, 3= und 4=wöchentliche
    Erhärtungsdauer.
5. Für die Kugelkochprobe nach Tetmajer vier Kugeln von etwa 5 cm Durchmesser.

6. Für die Heißwasserprobe nach **Maclay** sechs Kuchen von etwa 8 cm Durchmesser und etwa 1½ cm Dicke auf Glasplatten ausgegossen.

7. Für die Preßkuchenprobe nach **Prüßing** (Druck von 50 kg/qcm) vier Kuchen mit 5 bis 8 % Wasser von etwa 8 cm Durchmesser und 1 cm Dicke.

Die für die verschiedenen Proben erforderlichen Wasserzusätze wurden dem Wesen der Cemente entsprechend gewählt. Im Allgemeinen hatten die Kuchen für die Versuche unter 1, 2, 4 und 6 gleichen Wasserzusatz. Derselbe schwankte bei den verschiedenen Cementen zwischen 24 % und 27 %. Der Wasseranspruch der Kugeln nach **Tetmajer** war etwas geringer und schwankte zwischen 22,0 % und 26,5 %. Der Wasserzusatz zu den Kugeln für die **Heintzel**sche Glühprobe war noch etwas geringer und schwankte zwischen 21 und 26,5 %, während die Preßkuchen mit 7 oder 8 % Wasser angemacht wurden.

Die genauen Angaben über die in der Versuchsanstalt benutzten Wasserzusätze sind aus nachstehender Tabelle ersichtlich.

Wasserzusätze in Gewichtsprozent
für die Probekörper der Raumbeständigkeitsprüfungen.

Cement-marke	Normen-probe	Darr-probe	Glüh-probe	Kochprobe Michaelis	Kochprobe Tetmajer	Heißwasser-probe Maclay	Preßprobe Prüßing
A.	26,2	26,2	21,3	26,2	24,2	26,0	7,0
B.	26,0	26,0	22,5	26,0	24,0	26,0	7,0
C	24,0	24,0	22,0	24,0	24,0	24,0	7,0
D.	26,5	26,5	26,5	26,5	26,5	26,5	8,0
E.	25,0	25,0	24,0	25,0	24,0	25,0	7,0
G.	26,0	26,0	24,0	26,0	26,0	26,0	8,0
H.	24,0	24,0	22,0	24,0	22,0	24,0	7,0
J.	25,0	25,0	24,0	25,0	25,0	25,0	8,0
L.	27,0	27,0	26,0	27,0	26,0	27,0	8,0
U.	24,0	24,0	21,0	24,0	24,0	24,0	7,0
Zwischen	24,0—27 0	24,0—27,0	21,0—26,5	24,0—27,0	22,0—26,5	24,0—27,0	7—8

Für die Ausführung der beschleunigten Raumbeständigkeitsprüfungen und die Beurtheilung der dabei auftretenden Erscheinungen waren nachstehende Vorschriften maßgebend [1]).

1. Die Darrprobe bei 100 C⁰.

100 g Cement werden normengemäß mit Wasser angemacht und auf einem befeuchteten Blättchen Fließpapier, welches man auf eine völlig ebene Glas- oder Metallplatte gelegt hat, zu einem Kuchen geformt. Nach dem Abbinden wird der Kuchen nach Entfernung des Fließ-papiers bis zu 24 Stunden in einem feuchten Raume aufbewahrt und hierauf bei 100 C⁰ (mit kochendem Wasser geheiztes Luftbad) auf einer Metallplatte gedarrt, bis keine Wasser-dämpfe mehr entweichen (etwa 3 Stunden lang).

2. Die Heintzelsche Kugelprobe.

300 g Cement werden mit 60 ccm Wasser befeuchtet, rasch durchgearbeitet, in die hohle Hand gebracht und zu einer Kugel geformt. Die richtige Menge Wasser ist genommen, wenn der Cement beim Reiben der Kugel etwas schmiert, und sich diese bei seitlichem Druck schwach beweglich zeigt. Bei mittelraschbindenden Cementen und bei solchen, welche beim Bereiten eines Kuchens mehr als 30 % Wasser gebrauchen, wird man 61, 62, 63 ccm Wasser zur

---

[1]) Protokoll der Verhandlungen des Vereins deutscher Portlandcement-Fabrikanten 1895.

Herstellung der Kugeln nehmen müssen. Es sind also je nach der Verschiedenheit der Cemente 20 bis 21 % Wasser zu verwenden [1]).

Die Kugel wird auf eine Glasplatte gelegt. Nach etwa 5 Minuten wird dieselbe so hart sein, daß sie beim Anschlagen mit dem Fingernagel kaum mehr einen Eindruck zuläßt. Sie wird alsdann auf eine dünne Eisenblechplatte gebracht und diese über dem Bunsenbrenner erhitzt. Die Spitze der Flamme soll zuerst die Platte nicht erreichen. Erhitzt man zu rasch, so werden kleine Blättchen der Kugel an der durch die Flamme am stärksten getroffenen Stelle vom entweichenden Wasserdampf losgesprengt. Sobald die Kugel an der die Platte berührenden Stelle anfängt trocken zu werden, wird die Flamme allmählich gesteigert, bis sie schließlich — nach etwa $\frac{1}{2}$ Stunde — die Platte voll bestreicht. Nach zwei Stunden schlägt sich auf einer dicht über die Kugel gehaltenen Glasplatte kein Wasserdampf mehr nieder, und der Versuch ist beendet.

Eine Steigerung der Hitze bis zum Glühen der Kugel ist nicht sachgemäß.

3. Die Kochprobe nach Michaelis.

50 g des zu prüfenden Cementes werden in annähernd Normalkonsistenz, d. h. mit 13 bis 15 g Wasser, eine Minute lang durchgearbeitet und zu den bekannten Glasplattenkuchen (1 cm in der Mitte dick, nach den Rändern dünn auslaufend) angemacht, in einem mit Wasserdampf gesättigten bedeckten Raume 24 Stunden der Erhärtung überlassen, sodann entweder von der Glasplatte gelöst oder auch mit der Glasplatte in ein kaltes Wasserbad verbracht, welches langsam, d. h. in etwa 10 Minuten, zum Sieden gebracht wird, zweckmäßig bei aufgelegtem Deckel zur Beschränkung der Wasserverdampfung. Der Kuchen soll ganz in kochendem Wasser sich befinden. Im Falle Wasser nachzugeben ist, soll dies in kleinen Mengen geschehen, so daß das Wasser immer alsbald wieder auf den Kochpunkt kommt. Nach dreistündigem Kochen wird der Kuchen dem Wasser entnommen und besichtigt.

4. Die Kugelkochprobe von Tetmajer.

Der Cement wird mit Wasser steif angemacht und in Kugeln von etwa 5 cm Durchmesser geformt. Die Konsistenz soll derart sein, daß die Kugel sich auf einer Glasplatte durch Daraufklopfen oder Drücken mit der Hand in eine runde Platte umwandeln läßt, ohne zu reißen. Die Kugeln werden 24 Stunden in einem feuchten Raume aufbewahrt, dann in ein Bad mit kaltem Wasser gelegt und dieses langsam, in etwa $1\frac{1}{4}$ Stunde zum Kochen gebracht. Nach sechsstündigem Kochen ist die Prüfung beendet.

5. Die Maclaysche Heißwasserprobe.

Es werden 6 Kuchen von reinem Cement mit Wasser ungefähr einen halben Zoll dick und drei Zoll im Durchmesser auf dünne Glasplatten und in derselben Konsistenz wie für die Zugkörper (nach amerikanischer Art) ausgegossen. Einer dieser Kuchen wird, sobald er gegossen ist, in ein Dampfbad von 90 bis 95 C° gesetzt. Der zweite Kuchen kommt in dasselbe Dampfbad, sobald er abgebunden hat und die mit 1 Pfund (amerikanisch) belastete Normalnadel tragen kann, während der dritte Kuchen nach der doppelten Abbindezeit in das Dampfbad gebracht wird. Der vierte Kuchen wird nach Verlauf von 24 Stunden ins Dampfbad, der fünfte, sobald er abgebunden hat, in frisches Wasser von ungefähr 15 C° gesetzt. Der sechste

---

[1]) Bei Anfertigung der Kugeln stellte sich heraus, daß 21 % Wasser für die meisten geprüften Cemente noch zu wenig war.

wird in feuchter Luft von gleichfalls etwa 15 C⁰ gehalten. Die ersten vier Kuchen bleiben jeder drei Stunden im Dampfbade, dann werden sie 21 Stunden lang in kochendem Wasser gehalten, herausgenommen und geprüft.

6. Die Prüßingsche Preßkuchenprobe.

Je 100 g Portlandcement werden dem Grade der Mahlfeinheit entsprechend mit 5 bis 8 % Wasser schnell innig gemischt, sodann in der Preßkuchenform gleichmäßig ausgebreitet und nach dem Aufsetzen des Stempels in einer Presse mit 50 Atmosphären gedrückt. Zwei auf diese Weise gepreßte Kuchen werden sogleich aus den Formen genommen und auf Glas= oder Eisenplatten vor Ausdünstung geschützt, 24 Stunden lang der Erhärtung überlassen. Sodann werden beide Kuchen in kaltes Wasser gelegt und bleibt einer derselben bis zu 28 Tagen darin liegen. Der zweite Preßkuchen, welcher einer beschleunigten Raumbeständigkeitsprobe unterworfen werden soll, wird nach zwei Stunden dem kalten Wasser entnommen und falls er noch tadellos ist, in ein Wasserbad von 90 bis 100 C⁰ gelegt. Ist dieser Kuchen nach vierstündigem Aufenthalte in dem heißen Wasser noch ganz gerade und rißfrei, so ist der Cement im Allgemeinen als raumbeständig zu betrachten. Ist der Kuchen auch nach 24stündigem Aufenthalte in dem heißen Wasser gerade und rißfrei, so wird sich der fragliche Cement sicher bei der schwierigsten Verarbeitungsweise und anspruchsvollsten Verwendung der Cementwaare als vollständig raumbeständig erweisen. Zeigt der Preßkuchen nach 24stündigem Aufenthalte im heißen Bade auch schon eine besonders gute mechanische Festigkeit, so ist dies ein Zeichen, daß die Qualität des fraglichen Cementes in Bezug auf Festigkeit eine besonders gute ist.

d) Für die Prüfung auf Längenänderung mittelst des Bauschinger=Apparates wurden die vorschriftsmäßigen Prismen von 10 cm Länge und 5 qcm Querschnitt hergestellt. Sie wurden zunächst an den Enden mit Nickelplättchen, die später durch Achatplättchen ersetzt wurden, versehen[1].

Die Probekörper aus reinem Cement waren mit 20 bis 22 % Wasser, diejenigen aus 1 Gew. Thl. Cement + 3 Gew. Thl. Rheinsand in allen Fällen mit 10 % Wasser in die Formen eingeschlagen.

Die Messung der Proben, welche einen Tag an der Luft, die übrige Zeit im Wasser erhärteten, wurde nach 24stündiger, 28tägiger und 12= und 24monatlicher Beobachtungszeit mit dem bekannten Bauschingerschen Tasterapparat ausgeführt.

e. Das Mischen des Mörtels, sowie die Herstellung der Probekörper für die Festigkeitsversuche erfolgte nach Vorschrift der „Normen". Die Probekörper aus 1 Gew. Thl. Cement + 3 Gew. Thl. Normalsand bezw. Rheinsand wurden mittelst des Böhmeschen Hammerapparates, diejenigen aus 1 Gew. Thl. Cement + 1 Gew. Thl. Rheinsand mittelst des 750 g schweren Spatels von Hand eingeschlagen. Der Wasserzusatz betrug für die Normalsandproben 1 : 3 = 10 %, für die Rheinsandproben 1 : 1 = 12 % und für die Rhein=sandproben 1 : 3 = 10 %. Die Art der Erhärtung und die Altersklassen sind aus dem Arbeitsplan S. 11 u. 12 ersichtlich.

Für die Prüfung auf Zugfestigkeit wurde Michaelis' Hebelapparat und für die Druck=versuche die Amslersche 32 t Presse benutzt.

f. Zu den Versuchen auf Beobachtung der 10 Cemente hinsichtlich ihres Verhaltens gegen Witterungseinflüsse fertigte die Firma Dyckerhoff & Widmann in Amöneburg aus den 10 ihr übermittelten Cementen sofort nach deren Ankunft:

---

[1] Die Kennzeichnung der Unterschiede zwischen Glas=, Messing=, Nickel= und Achatplättchen und ihres Ein=flusses auf die Messungsergebnisse muß besonderer Mittheilung vorbehalten bleiben.

2 Medaillons von 29,5 cm Durchmesser und 3 cm Kantenhöhe;

2 Rosetten von 24,5 cm Durchmesser und 5 cm Kantenhöhe;

2 Kanalverschlußdeckel von 21 cm Durchmesser und 3 cm Kantenhöhe.

Die Lichtbilder Fig. 1 und 2, welche nach etwa 1½ Jahr Alter der Stücke aufgenommen sind, zeigen die Gestaltung der Gegenstände. Alle Probestücke wurden von ge-

Fig. 1: Cement B.

Fig. 2: Cement D.

übten Leuten aus einem sogenannten „Vorguß" aus 1 Theil Cement und 1 Theil feinem Rheinsand, einem „Nachguß" aus 1 Theil Cement und 2 Theilen grobem Rheinsand und aus darauf gestampftem Beton aus 1 Theil Cement und 4 Theilen Kiessand (alle Mischungen in Raumtheilen) in Gips- oder Leimformen hergestellt.

Je ein Probestück blieb 3 Tage im geschlossenen Raume, wurde während dieser Zeit feucht gehalten und kam dann ins Freie. Die übrigen 3 Probestücke blieben unter beständiger Feuchthaltung 28 Tage im geschlossenen Raume und kamen hierauf ebenfalls ins Freie.

V. Versuchsergebnisse.

Darstellung der Ergebnisse.

Die Ergebnisse der Prüfungen auf Abbindeverhältnisse, Mahlfeinheit, Ausdehnung und Festigkeit ließen sich ohne weiteres in Tabellenform ziffernmäßig (oder auch zeichnerisch) darstellen. Hierbei sind diejenigen Zahlen und Angaben, welche aus irgend welchem Grunde beeinflußt erschienen, in eckige Klammer gesetzt.

Anders mußte die übersichtliche Darstellung der Ergebnisse der Raumbeständigkeitsproben gestaltet werden. Alle Schäden, welche sich an den einzelnen Proben zeigten, waren in den Protokollen mit Worten beschrieben; die Beschreibungen je dreier Versuchsstellen in Worten so nebeneinander zu ordnen, daß der Vergleich ermöglicht und leichte Uebersichtlichkeit geschaffen wurde, erschien schwer ausführbar.

Ich habe deshalb für die einzelnen an den Kuchen und Kugeln gemachten Beobachtungen bestimmte Zeichen eingeführt, die nach Möglichkeit dem Aussehen der Probestücke angepaßt sind, um sie leicht lesen zu können. Die angewandten Zeichen sind nachfolgend zusammengestellt und in den Tabellen 3 bis 6 dazu verwandt worden, die wörtliche Beschreibung der beobachteten Schäden zu ersetzen. Stärkere bezw. schwächere Risse sind durch stärkere bezw. schwächere Linienzüge in den Figuren dargestellt.

Um den Sinn der Zeichen noch mehr zu verdeutlichen, sind in der Versuchsanstalt einzelne Probestücke der besonders charakteristischen Cemente A und U photographirt und die Bilder auf Taf. I und II zusammengestellt worden. Diese Tafeln bieten folgende Beispiele:

Einführung von Zeichen für die Zusammenstellung der Ergebnisse der beschleunigten Raumbeständigkeitsproben.

Beobachtete Erscheinungen	Eingeführte Zeichen
Bestanden	b
Verkrümmt { nach unten / nach oben	≍
Feine Netzrisse	⌗
Starke Netzrisse	#
Einzelne Haarrisse	S
Starke Risse	SS
Koncentrische Risse	◎
Kantenrisse	⊙
Oberfläche mürbe	∿
Zerbrochen bezw. aufgeplatzt	‖
Zerkocht	⊛
Schwindung	→←

Beispiele der einzelnen Zerstörungserscheinungen.

b Wohl erhaltene Probe: Taf. I Fig. 1—4, Taf. II Fig. 17, 18.

„   „   „ aber gesprengte Glasplatte Taf. II Fig. 19.

⊙ Kantenrisse: Kuchen Taf. I Fig. 5 und 6, Taf. II Fig. 21, Preßkuchen Taf. I Fig. 10, Taf. II Fig. 30.

S   Einzelne feine Haarrisse: Taf. I Fig. 5 und 6.

SS   Starke Risse: Taf. II Fig. 28 und 29 und ‖ Aufplatzen der Kugel Taf. I
         Fig. 7 und Fig. 9, Taf. II Fig. 24 und 25.

Feine Netzrisse: Taf. I Fig. 8, Taf. II Fig. 22, Fig. 23, Fig. 26 und 27.

◎   Koncentrische Risse: Taf. II Fig. 28 und 29.

◉   Theilweises Zerkochen: Taf. I Fig. 12 und 13.

‖   Zerbrochen, sowie # starke Netzrisse und ☉ starke Kantenrisse: Taf. I Fig. 13,
         14 und 15, Taf. II Fig. 31—34.

〜   Zermürben der Oberfläche: Taf. I Fig. 7 und Fig. 11, Taf. II Fig. 28.

Die nachstehenden Tabellen 1 bis 12 haben folgenden Inhalt:

Tab. 1.   Zusammenstellung der von allen Mitgliedern gefundenen Mittelwerthe der Abbindeverhältnisse, unter Zugrundelegung der Nadelproben.

Tab. 2.   Zusammenstellung der von allen Mitgliedern gefundenen Mittelwerthe der Versuche auf Feinheit der Mahlung.

Tab. 3.   Ergebnisse der von allen Mitgliedern ausgeführten Prüfungen auf Raumbeständigkeit nach 7 Tagen Alter der Proben (Hierzu die Zeichentafel S. 19).

Tab. 4.   Ergebnisse der in der Versuchsanstalt ausgeführten Prüfungen auf Raumbeständigkeit, gemäß den Kuchenproben nach den Normen und bei Luftlagerung.

Tab. 4a.   Ergebnisse der von allen Mitgliedern ausgeführten Prüfungen auf Raumbeständigkeit, gemäß den Kuchenproben nach den Normen und bei Luftlagerung.

Tab. 5.   Ergebnisse der in der Versuchsanstalt ausgeführten Kochprobe nach Michaelis (Beobachtungen bis zu 4 Wochen Alter der Kuchen).

Tab. 5a.   Ergebnisse der von allen Mitgliedern ausgeführten Kochproben nach Michaelis (Beobachtungen bis zu 4 Wochen Alter der Kuchen).

Tab. 6.   Ergebnisse der von allen Mitgliedern ausgeführten 28 Tage-Prüfung auf Raumbeständigkeit nach den Normen, nach Michaelis und nach Prüßing, und auf Festigkeit der Normenmischung.

Tab. 7.   Ergebnisse der in der Versuchsanstalt ausgeführten Versuche auf Längenänderung.

Tab. 7a.   Zusammenstellung der Mittelwerthe aus den Versuchen auf Längenänderung (Versuchsanstalt).

Tab. 7b.   Zusammenstellung der Mittelwerthe aus den Versuchen auf Längenänderung (alle Mitglieder).

Tab. 8.   Zusammenstellung der Mittelwerthe der Versuche auf Zugfestigkeit der Mörtel aus 1 Cement + 1 Rheinsand (Versuchsanstalt).

Tab. 8a.   Zusammenstellung der Mittelwerthe der Versuche auf Zugfestigkeit der Mörtel aus 1 Cement + 1 Rheinsand (alle Mitglieder).

Tab. 9.   Zusammenstellung der Mittelwerthe der Versuche auf Zugfestigkeit der Mörtel aus 1 Cement + 3 Rheinsand (Versuchsanstalt).

Tab. 9a.   Zusammenstellung der Mittelwerthe der Versuche auf Zugfestigkeit der Mörtel aus 1 Cement + 3 Rheinsand (alle Mitglieder).

Tab. 10.   Zusammenstellung der Mittelwerthe über den Einfluß der Erhärtungsart auf die Zugfestigkeit der Rheinsandmörtel (Versuchsanstalt).

Tab. 1. Zusammenstellung der von allen Mitgliedern gefundenen Mittelwerthe der Abbindeverhältnisse, unter Zugrundelegung der Nadelproben.

Versuchs-stelle	Prüfung begonnen am	Wärme des Cementes C°	Wärme des Wassers C°	Wärme der Luft C°	Feuchtigkeit der Luft C°	Wasser-zusatz Nadel-probe %	Zeit nach welcher die Wärme-erhöhung beginnt Std.	Min.	Wärme-erhöhung Max. C°	Erhär-tungs-anfang nach Std.	Min.	Erhär-tungsende nach Std.	Min.
		beim Versuchsbeginn											
Cement-Marke A.													
Meyer	5. 2. 96	17,9	18,0	19,0	76	Nadel-probe 25,0	0	0	8,7	—	14	—	33
Schumann . . .	3. 2. 96	17,0	16,0	17,0	55	28,0	—	5	2,0	—	15	—	45
Versuchsanstalt	5. 2. 96	16,5	16,0	17,0	65	26,2	—	7	7	—	11	—	24
Mittel	—	—	—	—	—	—	—	—	—	—	13	—	34
Cement-Marke B.													
C. Prüßing . .	5. 2. 96 u. s. w.	17,1	16,8	17,6	67,7	25,0	sofort		8,8	—	25	—	47
Dr. Prüßing .	7. 2. 96	16,0	16,0	16,0	Gesättigt, da die Proben im bedeckten Zinkkasten abbanden	24,7	—	17	6,9	—	18	2	7
Versuchsanstalt	11. 2. 96	17,0	17,0	17,0	50	26,0	—	10⅓	2,5	—	28	2	—
Mittel	—	—	—	—	—	—	—	—	—	—	24	1	38
Cement-Marke C.													
Schiffner . . .	5. 2. 96	14,0	12,7	18,7	59,3	25,7	—	1	0,6	4	42	6	50
Schindler . . .	8. 2. 96	16,0	9,5	16,25	—	26,0	—	4	1,3	—	45	6	43
Versuchsanstalt	19. 2. 96	14	14	14,5	65	24	—	6⅓	1,6	4	40	8	2
Mittel	—	—	—	—	—	—	—	—	—	3	22	7	12
Cement-Marke D.													
Schott	21. 2. 96	17,1	16,8	16,6	56	28	—	4	2,6	—	32	2	49
Paulsen	11. 2. 96	15,6	15,8	18,7	57,3	[27,3	sofort		5,0	1	2	4	—]
Versuchsanstalt	28. 2. 96	17,8	17,8	17,8	72	26,5	—	3	6,6	—	4	—	22
Mittel	—	—	—	—	—	—	—	—	—	—	18	1	36
Cement-Marke F.													
Meyer[1]	30. 3. 96	12,9	11,9	12,2	75	25	0	0	6,6	5	55	9	—
Schumann . .	7. 4. 96	17,0	15,0	17,0	75	28,5	—	1	1,0	6	—	9	—
Versuchsanstalt	5. 3. 96	17,0	17,5	17,5	80	25	—	5	1,7	1	50	5	30
Mittel	—	—	—	—	—	—	—	—	—	4	35	7	50
Cement-Marke G.													
Schott	22. 4. 97	19,2	19,0	19,0	68	25	sofort		2,7	1	34	3	34
Paulsen	11. 8. 96	15,3	14,6	15,5	65,3	26,9	[sofort		3,0	4	55	10	20]
Versuchsanstalt	23. 3. 96	17	17	16	75	26	—	10	2,0	1	30	2	54
Mittel	—	—	—	—	—	—	—	—	—	1	32	3	14

[1] Die Nadelproben stoßen nachträglich noch erheblich Wasser ab.

Tabelle 1 (Fortsetzung).

Versuchs-stelle	Prüfung begonnen am	Wärme des Cementes C°	Wärme des Wassers C°	Wärme der Luft C°	Feuchtigkeit der Luft C°	Wasser-zusatz Nadel-probe %	Zeit nach welcher die Wärme-erhöhung beginnt Std.	Min.	Wärme-erhöhung Max. C°	Erhär-tungs-anfang nach Std.	Min.	Erhär-tungsende nach Std.	Min.
						beim Versuchsbeginn							
Cement-Marke H.													
Meyer	—	—	—	—	—	—	—	—	5,9	—	29	1	5
Schumann . .	12. 5. 96	19	16	22	55	28	—	2	2	1	45	3	45
Versuchsanstalt	17. 3. 96	17,5	18,5	18,5	70	24	—	4	3,6	—	9	—	55
Mittel		—	—	—	—	—	—	—	—	—	**48**	**1**	**55**
Cement-Marke J.													
C. Prüßing . .	3. 7. 96	17,9	17,8	17,9	70	24,8	sofort		3,9	—	47	1	55
Dr. Prüßing .	17. 4. 96	16	16	16	65	24	[sofort		5	1	41	10	21]
Versuchsanstalt	10. 3. 96	17	17	17	80	25	—	5²/₃	1,5	—	42	2	23
Mittel		—	—	—	—	—	—	—	—	—	**45**	**2**	**9**
Cement-Marke L.													
Schiffner . . .	31. 3. 96	16,7	14,0	19,0	70	29,0	sofort		6,8	—	3	—	9
Schindler . . .	27. 3. 96	19,5	14,0	22	—	28	—	2	8,5	—	10	—	25
Versuchsanstalt	13. 3. 96	16	16	16	65	27	—	1²/₃	7,6	—	3	—	10
Mittel		—	—	—	—	—	—	—	—	—	**5**	**—**	**15**
Cement-Marke U.													
C. Prüßing . .	3. 7. 96	18	18	18,5	70	25	sofort		1,6	4	4	7	35
Dr. Prüßing .	20. 5. 96	16	16	16	65	25	[sofort		2,9	4	45	19	13]
Versuchsanstalt	23. 4. 96	17	17	17	60	24	—	7¹/₃	1,5	4	33	6	26
Mittel		—	—	—	—	—	—	—	—	**4**	**19**	**7**	**1**

Tab. 11. Ergebnisse der Beobachtung der zehn Cemente unter dem Witterungs-einfluß (Proben in Amöneburg).

Tab. 12. Ergebnisse der chemischen Analysen.

A. Allgemeine Eigenschaften der Cemente.

α. Abbindeverhältnisse.

Die Abbindezeiten und Abbindeverhältnisse jeder Cementmarke (Tab. 1) zeigen, an verschiedenen Versuchsstellen ermittelt, erhebliche Schwankungen.

Diese können herrühren:

1. Von dem Unterschiede zwischen der Zeit der Herstellung bezw. Einlieferung des Cementes und der Zeit der Versuchsausführung.

2. Von abweichenden Wärme- und Feuchtigkeitsverhältnissen, unter denen die Versuche ausgeführt sind.

3. Von der an verschiedenen Stellen verschieden gewählten Menge des Wasser-zusatzes zum Cement.

4. Von der Zeitdauer für das Umrühren des Cementbreies, oder dem Arbeits-aufwand, der insofern von Einfluß ist, als derselbe Cement bei sehr kräftigem

Tab. 2. Zusammenstellung der von allen Mitgliedern gefundenen Mittelwerthe der Versuche auf Feinheit der Mahlung.

Versuchs-stelle	Rückstand im Mittel auf 5000 Maschen	900 Maschen	Versuchs-stelle	Rückstand im Mittel auf 5000 Maschen	900 Maschen
Cement-Marke A.			**Cement-Marke G.**		
Meyer	17,4	0,5	Schott	32,2	2,0
Schumann . .	21,0	2,2	Paulsen	33,1	6,3
Versuchsanstalt	12,0	0,6	Versuchsanstalt	24,0	4,0
Mittel	**16,8**	**1,1**	**Mittel**	**29,8**	**4,1**
Cement-Marke B.			**Cement-Marke H.**		
C. Prüßing . .	21,3	4,4	Meyer	19,0	4,5
Dr. Prüßing .	20,8	2,9	Schumann . .	26,4	4,8
Versuchsanstalt	18,0	4,0	Versuchsanstalt	14,0	4,0
Mittel	**20,0**	**3,7**	**Mittel**	**19,8**	**4,4**
Cement-Marke C.			**Cement-Marke J.**		
Schiffner . . .	31,3	7,1	C. Prüßing . .	30,1	5,6
Schindler . . .	30,6	3,0	Dr. Prüßing .	32,8	3,4
Versuchsanstalt	24,0	2,0	Versuchsanstalt¹)	24,0	2,0
Mittel	**28,6**	**4,0**	**Mittel**	**27,8**	**3,7**
Cement-Marke D.			**Cement-Marke L.**		
Schott	14,5	0,6	Schiffner . . .	20,9	3,5
Paulsen	16,5	1,9	Schindler . . .	26,1	2,6
Versuchsanstalt	10,0	2,0	Versuchsanstalt	20,0	2,0
Mittel	**13,7**	**1,5**	**Mittel**	**22,3**	**2,7**
Cement-Marke F.			**Cement-Marke U.**		
Meyer	17,3	0,5	C. Prüßing . .	19,8	2,0
Schumann . . .	18,4	2,0	Dr. Prüßing .	26,2	2,0
Versuchsanstalt	12,0	0,0	Versuchsanstalt	18,0	2,0
Mittel	**15,9**	**0,8**	**Mittel**	**20,7**	**2,0**

¹) Auf dem 20-Maschensiebe blieben erbsengroße Stückchen ungemahlenen Cementes zurück.

Rühren mit weniger Wasser in derselben Zeit zu dem gleichen Grade der Verflüssigung gebracht werden kann, als bei weniger starker Bearbeitung und größerem Wasserzusatz.

5. Von der verschiedenen Beurtheilung desjenigen Zeitpunktes, an dem ein Eindruck der Nadel auf dem Cementkuchen als „noch vorhanden" erkannt wird.

Unter Berücksichtigung aller dieser Ursachen, von denen jede für sich die Abbindezeit beeinflussen kann, werden die theilweise sehr erheblichen Abweichungen in der Abbindezeit erklärlich.

Um an verschiedenen Versuchsstellen zu vergleichbaren Werthen hinsichtlich der Abbindezeit zu gelangen, ist es durchaus nothwendig, die Versuche bei gleicher Wärme der Luft, des Anmachewassers und des Cementes, bei gleicher Luftfeuchtigkeit, sowie namentlich bei gleichem Wasserzusatze und gleicher Stärke und Dauer des Umrührens des Cementbreies in völlig übereinstimmender Weise auszuführen. Vorschriften hierfür bestehen, abgesehen von den

Tabelle 3. Ergebnisse der von allen Mitgliedern ausgeführten
(Erklärung der
Raum=

<table>
<tr>
<td rowspan="4">Versuchs-
stelle</td>
<td rowspan="4">Prüfung
begonnen
am:</td>
<td colspan="8">Proben
bei Zimmerwärme 24 Stunden in feuchter Luft, dann</td>
<td colspan="2">Darrprobe</td>
</tr>
<tr>
<td colspan="2">nur im Wasser
(Normenprobe)</td>
<td colspan="2">3 Tage
unter Wasser,
hierauf
an der Luft</td>
<td colspan="2">nur
an der Luft
im Zimmer</td>
<td colspan="2">nur
an der Luft
im Freien
unter Dach</td>
<td>Kuchen
mit
dünnen
Rändern</td>
<td>Kuchen
mit abge-
rundeten
Rändern</td>
</tr>
<tr>
<td colspan="8">Ränder der Kuchen</td>
<td colspan="2" rowspan="2">24 Stunden in feuchter Luft erhärtet. Bei 100 C° in mit kochendem Wasser geheiztem Luftbad auf einer Metallplatte gebarrt, bis keine Wasserdämpfe mehr entweichen (ca. 3 Stunden)</td>
</tr>
<tr>
<td>dünn aus-
laufend</td><td>dick,
rund</td>
<td>dünn aus-
laufend</td><td>dick,
rund</td>
<td>dünn aus-
laufend</td><td>dick,
rund</td>
<td>dünn aus-
laufend</td><td>dick,
rund</td>
</tr>
<tr><td colspan="12" align="right">Cement=</td></tr>
<tr>
<td>Meyer</td><td>5. 2. 96</td>
<td>b</td><td>b</td><td>b</td><td>b</td><td>b</td><td>b</td><td>b</td><td>b</td>
<td>b</td><td>⊙</td>
</tr>
<tr>
<td>Schumann</td><td>1. 2. 96</td>
<td>b</td><td>b</td><td>b</td><td>b</td><td>b</td><td>b</td><td>b</td><td>b</td>
<td>⊙</td><td>b</td>
</tr>
<tr>
<td>Versuchsanstalt</td><td>5. 2. 96</td>
<td>b</td>
<td>ʃ</td><td>—</td><td>—</td><td>—</td>
<td>b</td><td>b</td><td>ʃ</td>
<td>1 ⊞
1 ⊙</td><td>b</td>
</tr>
<tr><td colspan="4"></td><td colspan="4" align="center">Einige Kuchen von den Platten gelöst.
Schwach gebogen</td><td colspan="2"></td></tr>
<tr><td colspan="12" align="right">Cement=</td></tr>
<tr>
<td>C. Prüßing</td><td>5. 2. 96[1)</td>
<td>[b</td>
<td>Einige Kuchen von den Platten gelöst</td>
<td>b</td>
<td colspan="2">Einige Kuchen von den Platten gelöst</td>
<td>b</td><td>b</td><td>b</td>
<td>b</td><td>b</td>
</tr>
<tr>
<td>Dr. Prüßing</td><td>7. 2. 96</td>
<td>1⌣</td><td>2⌣</td><td>1⌣</td><td>1⌣</td><td>4⌣</td><td>4⌣</td><td>1⌣</td>
<td>b</td><td>b</td><td>b</td>
</tr>
<tr><td colspan="2"></td><td colspan="7" align="center">Einige Kuchen waren von den Platten gelöst</td><td colspan="3"></td></tr>
<tr>
<td>Versuchsanstalt</td><td>11. 2. 96</td>
<td>[1 ⊙]</td><td>[1 ⊙]</td><td>b</td><td>b</td><td>b</td><td>b</td><td>b</td><td>1 ⊙</td>
<td>b</td><td>b</td>
</tr>
<tr><td colspan="12" align="right">Cement=</td></tr>
<tr>
<td>Schiffner</td><td>5. 2. 96</td>
<td>b</td><td>b</td><td>b</td>
<td>b</td><td>b</td><td>b</td>
<td>b</td><td>b</td><td>b</td><td>b</td>
</tr>
<tr><td colspan="5"></td><td colspan="3" align="center">Einige Kuchen von den Platten gelöst</td><td colspan="4"></td></tr>
<tr>
<td>Schindler</td><td>8. 2. 96</td>
<td>b</td><td>b</td><td>b</td><td>b</td><td>b</td><td>b</td><td>b</td><td>b</td><td>b</td><td>b</td>
</tr>
<tr>
<td>Versuchsanstalt</td><td>19. 2. 96</td>
<td>b</td><td>b</td><td>b</td><td>b</td><td>b</td><td>b</td><td>b</td><td>b</td><td>b</td><td>b</td>
</tr>
<tr><td colspan="12" align="right">Cement=</td></tr>
<tr>
<td>Schott</td><td>20. 2. 96</td>
<td>b</td><td>b</td><td>b</td><td>b</td><td>b</td><td>b</td><td>b</td><td>b</td><td>b</td><td>b</td>
</tr>
<tr>
<td>Paulsen</td><td>11. 2. 96[2)</td>
<td>—</td><td>—</td><td>—</td><td>b</td>
<td>—</td><td>—</td><td>b</td><td>b</td>
<td>[1 ⊙]
1 b</td><td>b</td>
</tr>
<tr><td colspan="2"></td><td colspan="4" align="center">Die meisten Kuchen von den Platten gelöst</td><td colspan="6"></td></tr>
<tr>
<td>Versuchsanstalt</td><td>28. 2. 96</td>
<td>—</td><td>—</td><td>—</td><td>—</td><td>—</td><td>—</td><td>—</td><td>—</td>
<td colspan="2">Nicht ausgeführt,
Kochprobe bestan=</td>
</tr>
</table>

[1) Die letzten Proben wurden erst am 4. April 1896 angemacht.   [2) Die letzten Proben wurden erst am 9. März 1896

Prüfungen auf Raumbeständigkeit nach 7 Tagen Alter der Proben.

Zeichen s. S. 19.)

Beständigkeit.

Heintzelsche Kugelprobe (Glühprobe)	Kochprobe nach Michaelis — Dünne	Kochprobe nach Michaelis — Dicke	Kugelprobe nach Tetmajer	Heißwasserprobe nach Maclay — 1 Kuchen sofort nach dem Gießen	1 Kuchen nach dem Abbinden	1 Kuchen nach der doppelten Abbindezeit	1 Kuchen nach 24 Stunden	1 Kuchen nach dem Abbinden in frisches Wasser von etwa 15 C°	1 Kuchen in feuchter Luft von etwa 15 C° gehalten	Preßkuchenprobe nach Prüßing
Kugeln auf eine Gipsplatte gelegt, bis sie hart sind (ca. 5 Minuten). Auf dünner Eisenblechplatte über Bunsenbrenner erhitzt. Spitze der Flamme soll die Platte erst nicht erreichen. Nach 1½ Stunden wird die Flamme gesteigert, bis sie die volle Fläche bestreicht 2 Stunden lang erhitzt	Dünne Kuchen mit dünn auslaufenden Rändern. 24 Stunden in feuchter Luft erhärtet, in einem Wasserbade in 10 Minuten zum Kochen gebracht und 3 Stunden gekocht	Dicke Kuchen mit dicken, abgerundeten Rändern	Kugeln 24 Stunden in feuchter Luft erhärtet, in einem Wasserbade in 1¼ Stunden zum Kochen gebracht und 6 Stunden gekocht	6 Kuchen von der Glasplatte losgelöst			3 Stunden in ein Dampfbad von 90—95 C°, dann 21 Stunden lang in kochendes Wasser			4 Kuchen sogleich aus der Form genommen, 24 Stunden in einem Kasten geg. Ausdünstung geschützt u. dann in kalt. Wasser gelegt. 2 Kuchen nach 2 Stunden aus dem Wasser genommen u. in ein Wasserbad von 90—100 C° gelegt. Nach 4- u. 24stünd. Aufenthalt im heißen Wasser zu beobachten
Marke A.										
S‖	#〜	⊙	S#S	#〜	#〜⊙	#⊙〜	#〜	b	b	⊙
SS	—	⊙	S‖	#〜	#〜	#⊙〜	#〜	b	b	⊙
S‖	⊙	⊙	S‖	#〜	#⊙	#⊙〜	#〜	⌣	b	⊙
Marke B.										
b	#⊙⌣	#⊙⌣	b	#	b	b	b	b	b	#⊙]
S	#	#	b	#	#	#	#	b	b	#
b	#⊙	#⊙	#	◎⊙	⊙	b	◎⊙	⌣	SS	⊙⌣
Marke C.										
b	b	b	b	S	b	b	b	b	b	b
b	b	b	b	b	b	b	b	b	b	⊙
b	b	b	SS	◎	⊙	⊙	⊙◎	b	⊙	⌣
Marke D.										
b	#〜	#〜⊙	#	#◎	#◎	#◎	#	—	—	#⌣〜
b	#⌣	#⌣	#	〜a	◎⌣	◎⌣	#⌣	b	b	#
weil den	b	b	Nicht ausgeführt, weil Kochprobe bestanden							

angemacht.

Tabelle 3

Versuchs-stelle	Prüfung begonnen am:	Proben — bei Zimmerwärme 24 Stunden in feuchter Luft, dann								Darrprobe	
		nur im Wasser (Normenprobe)		3 Tage unter Wasser, hierauf an der Luft		nur an der Luft im Zimmer		nur an der Luft im Freien unter Dach		Kuchen mit dünnen Rändern	Kuchen mit abgerundeten Rändern
		Ränder der Kuchen								24 Stunden in feuchter Luft erhärtet. Bei 100 C° in mit kochendem Wasser geheiztem Luftbad auf einer Metallplatte gedarrt, bis keine Wasserdämpfe mehr entweichen (ca. 3 Stunden)	
		dünn auslaufend	dick, rund	dünn auslaufend	dick, rund	dünn auslaufend	dick, rund	dünn auslaufend	dick, rund		
										Cement-	
Meyer	30. 3. 96	b	b	b	b	b	b	b	b	b	B. d. Platte gelöst b
Schumann	7. 4. 96	b	b	b	b	b	b	b	b	b	b
Versuchsanstalt	5. 3. 96	Einige Kuchen von den Platten gelöst				b	b	b	b	1 ◯	☉
										Cement-	
Schott	22. 4. 96	b	b	b	b	b	b	b	b	b	b
Paulsen[1]	11. 8. 96	[b	b	b	b	b	b	b	b	b	b
Versuchsanstalt	20. 3. 96	b	b	b	Einige Kuchen von den Platten gelöst					b	b
										Cement-	
Meyer	—	—	—	—	—	—	—	—	—	—	—
Schumann	12. 5. 96	b	b	b	b	b	b	b	b	b	b
Versuchsanstalt	17. 3. 96	Kuchen von den Platten losgelöst								b	b
										Cement-	
C. Prüßing	12. 5. 96[2]	[b	b	b	b	Einige Kuchen von den Platten gelöst	Sämmtl. Kuchen von den Platten gelöst	b	b	b	b
Dr. Prüßing	17. 4. 96	b	b	b	b	b	Gelöst 1 ⌣	Alle Kuchen gelöst ⌣	⌣	⌣	⌣
Versuchsanstalt	10. 3. 96	Die meisten Kuchen von den Platten gelöst —	—	b	—	b	b	b	—	1 ſſ b	b

[1] Die Versuche sind zu spät ausgeführt worden.   [2] Die letzten Proben wurden erst am 5. August 1896 angemacht.

(Fortſetzung).

Heintzelſche Kugelprobe (Glühprobe)	Kochprobe nach Michaelis		Kugelprobe nach Tetmajer	Heißwaſſerprobe nach Maclay						Preßkuchenprobe nach Prüſſing
Kugeln auf eine Gipsplatte gelegt, bis ſie hart ſind (ca. 5 Minuten). Auf dünner Eiſenblechplatte über Bunſenbrenner erhitzt. Spitze der Flamme ſoll die Platte erſt nicht erreichen. Nach 1½ Stunden wird die Flamme geſteigert, bis ſie die volle Fläche beſtreicht 2 Stunden lang erhitzt	Dünne Kuchen mit dünn auslaufenden Rändern	Dicke Kuchen mit dicken, abgerundeten Rändern	Kugeln 24 Stunden in feuchter Luft erhärtet, in einem Waſſerbade in 1¼ Stunden zum Kochen gebracht und 6 Stunden gekocht	6 Kuchen von der Glasplatte losgelöſt						4 Kuchen ſogleich aus der Form genommen, 24 Stunden in einem Kaſten geg. Ausdünſtung geſchützt u. dann in kalt Waſſer gelegt
	24 Stunden in feuchter Luft erhärtet, in einem Waſſerbade in 10 Minuten zum Kochen gebracht und 3 Stunden gekocht			1 Kuchen ſofort nach dem Gießen	1 Kuchen nach dem Abbinden	1 Kuchen nach der doppelten Abbindezeit	1 Kuchen nach 24 Stunden	1 Kuchen nach dem Abbinden in friſches Waſſer von etwa 15 C°	1 Kuchen in feuchter Luft von etwa 15 C° gehalten	2 Kuchen nach 2 Stunden aus dem Waſſer genommen u. in ein Waſſerbad von 90—100 C° gelegt. Nach 4- u. 24ſtünd. Aufenthalt im heißen Waſſer zu beobachten
				3 Stunden in ein Dampfbad von 90–95 C°, dann 21 Stunden lang in kochendes Waſſer						

Marke F.

Heintzel	Michaelis dünn	Michaelis dick	Tetmajer	Maclay 1	Maclay 2	Maclay 3	Maclay 4	Maclay 5	Maclay 6	Prüſſing
b	Von der Platte gelöſt ∿	∿	b	⌇⌇ ∿	∿∿	∿∿	∿∿	—	—	⊙
b	b	b	b	⌇⌇	⌇⌇	⌇⌇	⌇⌇	∿⊙	b	#
#	⊙#	⊙#	#	⊙⊙ ∿	# ∿	# ∿	# ∿	b	b	#⊙⊙ ∿

Marke G.

Heintzel	Michaelis dünn	Michaelis dick	Tetmajer	Maclay 1	Maclay 2	Maclay 3	Maclay 4	Maclay 5	Maclay 6	Prüſſing
b	#⊙	#	b	⌇⌇ ∿	#	#	#	—	—	#
b	b	b	b	b	b	b	b	b	b	—]
b	#	⊙	#	⌇⌇	#	⊙	#	b	⌇	#⊙

Marke H.

Heintzel	Michaelis dünn	Michaelis dick	Tetmajer	Maclay 1	Maclay 2	Maclay 3	Maclay 4	Maclay 5	Maclay 6	Prüſſing
—	—	—	—	—	—	—	—	—	—	—
b	b	b	b	⌇	b	⌇	b	⌇	b	b
b	#⊙	#⊙	#	⌇⌇	⌇	⊙	#	b	b	#⊙

Marke J.

Heintzel	Michaelis dünn	Michaelis dick	Tetmajer	Maclay 1	Maclay 2	Maclay 3	Maclay 4	Maclay 5	Maclay 6	Prüſſing
b	#⊙	#⊙	b	b	⊙	b	b	b	b	#⊙]
b	#⊙	#⊙	#	b	⌣	⌣	⌣	b	b	#
b	#⊙ ∿	#⊙ ∿	# ⊙	#⊙	#⊙	#⊙	#⊙	b	b	‖ ∿

Tabelle 3

Versuchs-stelle	Prüfung begonnen am:	Proben bei Zimmerwärme 24 Stunden in feuchter Luft, dann								Darrprobe	
		nur im Wasser (Normenprobe)		3 Tage unter Wasser, hierauf an der Luft		nur an der Luft im Zimmer		nur an der Luft im Freien unter Dach		Kuchen mit dünnen Rändern	Kuchen mit abgerundeten Rändern
		Ränder der Kuchen								24 Stunden in feuchter Luft erhärtet. Bei 100 C° in mit kochendem Wasser geheiztem Luftbad auf einer Metallplatte gedarrt, bis keine Wasserdämpfe mehr entweichen (ca. 3 Stunden)	
		dünn auslaufend	dick, rund	dünn auslaufend	dick, rund	dünn auslaufend	dick, rund	dünn auslaufend	dick, rund		
											Cement-
Schiffner	31. 3. 96	Sämmtliche Kuchen von der Platte gelöst								b	b
Schindler	27. 3. 96	b	b	b	b	b	b	b	b	b	b
Versuchsanstalt	13. 3. 96	b	b	b	b	b	b	Alle Kuchen gelöst		b	b
											Cement-
C. Prüßing	2. 7. 96	b	Einige Kuchen von den Platten gelöst	b	Einige Kuchen von den Platten gelöst	b	b	b	b	b	b
Dr. Prüßing	20. 5. 96	Die meisten Kuchen von den Platten gelöst				b	b	Einige gelöst	Alle gelöst	b	b
Versuchsanstalt	14. 4. 96	Die meisten Kuchen von den Platten gelöst								# / ⊖	# / ⊖

unzureichenden Angaben der Normen noch nicht. Bei dem Umfange der zunächst zu erledigenden Arbeiten hat die Kommission die Frage der Vereinheitlichung der Abbindeversuche einstweilen unerörtert gelassen, behält sich indessen vor, später entsprechende Versuche auszuführen und — wenn möglich — geeignete Vorschläge zu machen.

Da nach Ausweis der Protokolle auch die Ergebnisse der Abbindekuchenproben von denen der Nadelproben theilweise erheblich abweichen, ist auf die Mittheilung der Ergebnisse der Kuchenproben — als der unzuverlässigeren, die auch die Bestimmung des Erhärtungsanfanges nicht zuläßt — in der Tab. 1 verzichtet worden.

Will man alle Versuche mit der Nadel als gleichwerthig ansehen und bildet man die Mittelwerthe aus den an drei Versuchsstellen durch die Nadelprobe gefundenen Abbindezeiten, so stellen sich vier Cemente (A, B, H, L) als raschbindende und sechs (C, G, F, D, J, U) als langsam bindende Cemente dar. Nach den Ergebnissen der Versuchsanstalt würden die Cemente A, B, D, H und L als schnell bindende, die übrigen als langsam bindende anzusehen sein.

Während des Verlaufes des Abbindens trat die Wärmeerhöhung selbst bei den langsam bindenden Cementen entweder sofort nach dem Anmachen der Cementkuchen oder nur kurze

(Fortsetzung).

Heintzelsche Kugelprobe (Glühprobe)	Kochprobe nach Michaelis — Dünne Kuchen mit dünn auslaufenden Rändern	Kochprobe nach Michaelis — Dicke Kuchen mit dicken, abgerundeten Rändern	Kugelprobe nach Tetmajer	Heißwasserprobe nach Maclay — 6 Kuchen von der Glasplatte losgelöst — 1 Kuchen sofort nach dem Gießen	1 Kuchen nach dem Abbinden	1 Kuchen nach der doppelten Abbindezeit	1 Kuchen nach 24 Stunden	1 Kuchen nach dem Abbinden in frisches Wasser von etwa 15 C°	1 Kuchen in feuchter Luft von etwa 15 C° gehalten	Preßkuchenprobe nach Prüßing
Kugeln auf eine Gipsplatte gelegt, bis sie hart sind (ca. 5 Minuten). Auf dünner Eisenblechplatte über Bunsenbrenner erhitzt. Spitze der Flamme soll die Flamme erst nicht erreichen. Nach 1½ Stunden wird die Flamme gesteigert, bis sie die volle Fläche bestreicht 2 Stunden lang erhitzt	24 Stunden in feuchter Luft erhärtet, in einem Wasserbade in 10 Minuten zum Kochen gebracht und 3 Stunden gekocht		Kugeln 24 Stunden in feuchter Luft erhärtet, in einem Wasserbade in 1¼ Stunden zum Kochen gebracht und 6 Stunden gekocht	3 Stunden in ein Dampfbad von 90—95 C°, dann 21 Stunden lang in kochendes Wasser						4 Kuchen sogleich aus der Form genommen, 24 Stunden in einem Kasten geg. Ausdünstung geschützt u. dann in kalt. Wasser gelegt. 2 Kuchen nach 2 Stunden aus dem Wasser genommen u. in ein Wasserbad von 90—100 C° gelegt. Nach 4 u. 24 stünd. Aufenthalt im heißen Wasser zu beobachten

Marke L.

b	b	b	b	a b	#	#	b	b	b	# ‖
b	b	b	b	b	b	b	b	b	b	#⊕ ∿
S	# ⊕	# ⊕	SS	b	b	b	# ⊕	b	b	#⊕‖ ∿

Marke U.

b	# ⊕	# ⊕	b	S	b	b	b	b	b	# ⊕
b	# ⊕	# ⊕	#	SS	⌢	⌢	⌢	b	b	#
SS	# ∿ ⊕	# ∿ ⊕	# ∿	#	# ⊕	# ⊕	# ⊕	b	b	⊕ ∿

Zeit darauf ein; sie entsprach dem Grade nach dem mehr oder weniger schnellen Verlauf des Abbindeprocesses. Die auch in Bezug auf Wärmeerhöhung an verschiedenen Stellen gefundenen verschiedenen Werthe sind vermuthlich vorwiegend auf die Unterschiede im Wasserzusatz zurückzuführen. Bei Ablesung der Wärmeerhöhung ist zu berücksichtigen, ob auch die Wärme der umgebenden Luft eine Veränderung erfährt.

Aus den Versuchsreihen kann allgemein geschlossen werden, daß das Verfahren der Bestimmung der Abbindezeit von Portlandcement dringend einheitlicher Regelung bedarf.

β. Mahlfeinheit.

Die für die Mahlfeinheit der einzelnen Cemente an verschiedenen Versuchsstellen gefundenen Werthe (Tab. 2) stimmen ziemlich überein. Wenigstens sind die vorkommenden Abweichungen für die Beurtheilung der Feinheit der Cemente nicht von Belang.

Die gröbsten sind die Cemente C, G und J, die auf dem 5000-Maschensiebe im Mittel 28,6, %, 29,8 %, und 27,8 % Rückstand hinterlassen haben. Der feinstgemahlene ist Cement D mit 13,7 % Rückstand auf 5000 Maschen.

Tab. 4. Ergebnisse der in der Versuchsanstalt ausgeführten Prüfung auf Raumbeständigkeit.

Kuchenproben nach den Normen und bei Luftlagerung.

Alter der Proben	Die Kuchen erhärteten 24 Stunden bei Zimmerwärme in feuchter Luft, dann							
	nur im Wasser (Normenprobe)		3 Tage unter Wasser, hierauf an der Luft		nur an der Luft im Zimmer		nur an der Luft im Freien	
	Ränder der Kuchen							
	dünn	dick	dünn	dick	dünn	dick	dünn	dick
Cement-Marke A.								
7 Tage	b	S	Einige Kuchen von der Platte gelöst. Schwach gebogen			b	b	S
28 Tage	Alle Kuchen von den Platten gelöst Schwach gebogen							
3 Monate	desgl.							
1 Jahr	desgl.						⊙	⊙
2 Jahre	desgl.						⊙	⊙
Cement-Marke B.								
7 Tage	[1 ⊙	1 ⊙]	b	b	b	b	b	1 ⊙
28 Tage	Wie bei sieben Tagen						b	1 ⊙
3 Monate	desgl.		Von der Platte gelöst				# ⊙	# ⊙
1 Jahr	Wie bei drei Monate alten Proben						# ⊙	# ⊙
2 Jahre	desgl.						# ⊙	# ⊙
Cement-Marke C.								
7 Tage	b	b	b	b	b	b	b	b
28 Tage	b	2 lose	b	b	b	b	⊙ #	1 ⊙
3 Monate	lose	lose	b	b	b	b	⊙	1 ⊙
1 Jahr	lose	lose	b	b	b	b	⊙	⊙ #
2 Jahre	lose	lose	b	b	b	b	⊙	⊙ #
Cement-Marke D.								
7 Tage								
28 Tage								
3 Monate	Nicht ausgeführt, weil die Kochprobe bestanden wurde							
1 Jahr								
2 Jahre								
Cement-Marke F.								
7 Tage	Kuchen von den Platten gelöst				b	b	b	b
28 Tage	desgl.				b	b	lose	
3 Monate	desgl.				b	b	desgl.	
1 Jahr	desgl.				b	b	⊙ #	⊙ #
2 Jahre	desgl.				b	b	⊙ #	⊙ #

Tabelle 4 (Fortsetzung).

Alter der Proben	Die Kuchen erhärteten 24 Stunden bei Zimmerwärme in feuchter Luft, dann							
	nur im Wasser (Normenprobe)		3 Tage unter Wasser, hierauf an der Luft		nur an der Luft im Zimmer		nur an der Luft im Freien	
	Ränder der Kuchen							
	dünn	dick	dünn	dick	dünn	dick	dünn	dick
Cement-Marke G.								
7 Tage	b	b	b	Einige Kuchen von den Platten gelöst				
28 Tage	Kuchen von den Platten gelöst							
3 Monate	desgl.							
1 Jahr	desgl.						⊙	⊙
2 Jahre	desgl.						⊙	⊙
Cement-Marke H.								
7 Tage	Kuchen von den Platten gelöst							
28 Tage	desgl.							
3 Monate	desgl.							
1 Jahr	desgl.						⊙	⊙
2 Jahre	desgl.						⊙	⊙
Cement-Marke J.								
7 Tage	Die meisten Kuchen von den Platten gelöst		b	b	b	b		
28 Tage	Sämmtliche Kuchen von den Platten gelöst							
3 Monate	desgl.							
1 Jahr	desgl.						⊙	⊙
2 Jahre	desgl.						⊙	⊙
Cement-Marke L.								
7 Tage	b	b	b	b	b	b	lose	lose
28 Tage	Kuchen von den Platten gelöst							
3 Monate	desgl.						2 ⊙	1 ⊙
1 Jahr	desgl.						⊙	⊙
2 Jahre	desgl.						⊙	⊙
Cement-Marke U.								
7 Tage	Die meisten Kuchen von den Platten gelöst							
28 Tage	desgl.						Sämmtl. Kuchen gelöst ⊙ ⊙	
3 Monate	desgl.						desgl.	
1 Jahr	desgl.						desgl.	
2 Jahre	desgl.							

Tab. 4a. Ergebnisse der von allen Mitgliedern ausgeführten Prüfung auf Raumbeständigkeit.

Kuchenproben nach den Normen und bei Luftlagerung.

<table>
<tr>
<td rowspan="3">Alter der Proben</td>
<td rowspan="3">Versuchs-stelle</td>
<td colspan="8">Die Kuchen erhärteten 24 Stunden bei Zimmerwärme in feuchter Luft, dann</td>
</tr>
<tr>
<td colspan="2">nur im Wasser (Normenprobe)</td>
<td colspan="2">3 Tage unter Wasser, hierauf an der Luft</td>
<td colspan="2">nur an der Luft im Zimmer</td>
<td colspan="2">nur an der Luft im Freien unter Dach</td>
</tr>
<tr>
<td>dünn</td><td>dick</td><td>dünn</td><td>dick</td><td>dünn</td><td>dick</td><td>dünn</td><td>dick</td>
</tr>
<tr><td colspan="10" align="center">Cement-Marke A.</td></tr>
<tr>
<td rowspan="3">7 Tage</td>
<td>Schumann . .</td>
<td>b</td><td>b</td><td>b</td><td>b</td><td>b</td><td>b</td><td>b</td><td>b</td>
</tr>
<tr>
<td>Meyer . . . . .</td>
<td>b</td><td>b</td><td>b</td><td>b</td><td>b</td><td>b</td><td>b</td><td>b</td>
</tr>
<tr>
<td>Versuchsanstalt</td>
<td>b</td>
<td colspan="4">Einige Kuchen von den Platten gelöst
S   Schwach gebogen   —</td>
<td>b</td><td>b</td><td>S</td>
</tr>
<tr>
<td rowspan="3">28 Tage</td>
<td>Schumann . .</td>
<td>b</td><td>b</td><td>b</td><td>b</td><td>b</td><td>b</td><td>b</td><td>b</td>
</tr>
<tr>
<td>Meyer . . . . .</td>
<td colspan="8">Einige Kuchen von den Platten gelöst</td>
</tr>
<tr>
<td>Versuchsanstalt</td>
<td colspan="8">Alle Kuchen von den Platten gelöst und schwach gebogen</td>
</tr>
<tr>
<td rowspan="3">3 Monate</td>
<td>Schumann . .</td>
<td>b</td><td>b</td><td>b</td><td>b</td><td>∿∿</td><td>b</td><td>b</td><td>b</td>
</tr>
<tr>
<td>Meyer . . . . .</td>
<td>—</td><td>—</td><td>—</td><td>—</td><td>—</td><td>—</td><td>—</td><td>—</td>
</tr>
<tr>
<td>Versuchsanstalt</td>
<td colspan="8">Alle Kuchen von den Platten gelöst und schwach gebogen</td>
</tr>
<tr>
<td rowspan="3">1 Jahr</td>
<td>Schumann . . .</td>
<td>b</td><td>b</td><td>b</td><td>b</td><td>∿∿</td><td>∿∿</td><td>b</td><td>b</td>
</tr>
<tr>
<td>Meyer . . . . .</td>
<td>—</td><td>—</td><td>—</td><td>—</td><td>—</td><td>—</td><td>—</td><td>—</td>
</tr>
<tr>
<td>Versuchsanstalt</td>
<td colspan="6">Wie nach drei Monaten</td>
<td>⊖</td><td>⊖</td>
</tr>
<tr>
<td rowspan="3">2 Jahre</td>
<td>Schumann . .</td>
<td>b</td><td>b</td><td>b</td><td>b</td><td>∿∿</td><td>∿∿</td><td>b</td><td>b</td>
</tr>
<tr>
<td>Meyer . . . .</td>
<td>b</td><td>b</td><td>b</td><td>b</td><td>b</td><td>b</td><td>◎ ∿∿</td><td>∿∿</td>
</tr>
<tr>
<td>Versuchsanstalt</td>
<td colspan="6">Wie nach drei Monaten</td>
<td>⊖</td><td>⊖</td>
</tr>
<tr><td colspan="10" align="center">Cement-Marke B.</td></tr>
<tr>
<td rowspan="3">7 Tage</td>
<td>C. Prüßing[1] .</td>
<td colspan="8">[Kuchen von den Platten gelöst]</td>
</tr>
<tr>
<td>Dr. Prüßing .</td>
<td colspan="8">Einige Kuchen von den Platten gelöst
1⌢   2⌢   1⌢   1⌢   ⌢   ⌢   1⌢   b</td>
</tr>
<tr>
<td>Versuchsanstalt</td>
<td>[1⊖</td><td>1⊖]</td><td>b</td><td>b</td><td>b</td><td>b</td><td>b</td><td>1⊖</td>
</tr>
<tr>
<td rowspan="3">28 Tage</td>
<td>C. Prüßing . .</td>
<td colspan="8">[Kuchen von den Platten gelöst]</td>
</tr>
<tr>
<td>Dr. Prüßing .</td>
<td colspan="2">Einige Kuchen gelöst
⌢   ⌢</td>
<td colspan="6">Alle Kuchen von den Platten gelöst
⌣   ⌣   ⌣   ⌣   2⌣   b</td>
</tr>
<tr>
<td>Versuchsanstalt</td>
<td>[1⊖</td><td>1⊖]</td><td>b</td><td>b</td><td>b</td><td>b</td><td>b</td><td>1⊖</td>
</tr>
<tr>
<td rowspan="3">3 Monate</td>
<td>C. Prüßing . .</td>
<td colspan="8">Kuchen von den Platten gelöst</td>
</tr>
<tr>
<td>Dr. Prüßing .</td>
<td colspan="2">Wie nach 28 Tagen</td>
<td>→←</td><td>→←</td><td>b</td><td>b</td><td>1⌢</td><td>b</td>
</tr>
<tr>
<td>Versuchsanstalt</td>
<td>1⊖</td><td>1⊖</td>
<td colspan="4">Von den Platten gelöst</td>
<td>#⊖</td><td>#⊖</td>
</tr>
<tr>
<td rowspan="3">1 Jahr</td>
<td>C. Prüßing . .</td>
<td colspan="8">Wie nach drei Monaten</td>
</tr>
<tr>
<td>Dr. Prüßing .</td>
<td colspan="2">Wie nach 28 Tagen</td>
<td>→←</td><td>→←</td><td>b</td><td>b</td><td>1⌢</td><td>b</td>
</tr>
<tr>
<td>Versuchsanstalt</td>
<td colspan="6">Wie nach drei Monaten</td>
<td>#⊖</td><td>#⊖</td>
</tr>
<tr>
<td rowspan="3">2 Jahre</td>
<td>C. Prüßing . .</td>
<td>—</td><td>—</td><td>—</td><td>—</td><td>—</td><td>—</td><td>—</td><td>—</td>
</tr>
<tr>
<td>Dr. Prüßing .</td>
<td colspan="2">Wie nach 28 Tagen</td>
<td>→←</td><td>→←</td><td>b</td><td>b</td><td>1⌢</td><td>b</td>
</tr>
<tr>
<td>Versuchsanstalt</td>
<td colspan="6">Wie nach drei Monaten</td>
<td>#⊖</td><td>#⊖</td>
</tr>
</table>

[1] Proben theilweise zu spät angemacht.

Tabelle 4a (Fortsetzung).

Die Kuchen erhärteten 24 Stunden bei Zimmerwärme in feuchter Luft, dann — Ränder der Kuchen:

Alter der Proben	Versuchsstelle	nur im Wasser (Normenprobe)		3 Tage unter Wasser, hierauf an der Luft		nur an der Luft im Zimmer		nur an der Luft im Freien unter Dach	
		dünn	dick	dünn	dick	dünn	dick	dünn	dick
Cement-Marke C.									
7 Tage	Schiffner ...	b	b	b	Einige K. von den Platten gelöst			b	b
					b	b	b		
	Schindler[1] ..	b	b	b	b	b	b	b	b
	Versuchsanstalt	b	b	b	b	b	b	b	b
28 Tage	Schiffner ...	2 Kuchen gelöst	Alle Kuchen von den Platten gelöst						
	Schindler[1] ..	b	b	b	b	b	b	b	b
	Versuchsanstalt	b	2 Kuchen gelöst	b	b	b	b	⊙ / #	1 ⊙
3 Monate	Schiffner ...	Wie nach 28 Tagen							
	Schindler[1] ..	b	b	b	b	b	b	b	b
	Versuchsanstalt	lose	lose	b	b	b	b	⊙	1 ⊙
1 Jahr	Schiffner ...	Wie nach 28 Tagen							
	Schindler[1] ..	b	b	b	b	b	b	b	b
	Versuchsanstalt	lose	lose	b	b	b	b	⊙	# ⊙
2 Jahre	Schiffner ...	Wie nach 28 Tagen							
	Schindler[1] ..	b	b	b	b	b	b	b	b
	Versuchsanstalt	Wie nach einem Jahre							
Cement-Marke D.									
7 Tage	Paulsen	Die meisten Kuchen von den Platten gelöst							
		—	—	—	b	—	—	—	—
	Schott	b	b	b	b	b	b	b	b
	Versuchsanstalt	—	—	—	—	—	—	—	—
28 Tage	Paulsen	Alle Kuchen von den Platten gelöst						b	b
								Untere Fläche rissig	
	Schott	Alle Kuchen von den Platten gelöst							
		b	b	—	—	—	—	—	—
	Versuchsanstalt	—	—	—	—	—	—	—	—
3 Monate	Paulsen	Alle Kuchen von den Platten gelöst							
	Schott	Alle Kuchen von den Platten gelöst							
	Versuchsanstalt	—	—	—	—	—	—	—	—
1 Jahr	Paulsen	Wie nach drei Monaten							
	Schott	Wie nach drei Monaten							
	Versuchsanstalt	—	—	—	—	—	—	—	—
2 Jahre	Paulsen	Wie nach drei Monaten							
	Schott	Wie nach drei Monaten							
	Versuchsanstalt	—	—	—	—	—	—	—	—

¹) Fast sämmtliche Kuchen zeigten auf der unteren Seite größere Risse (Schwindrisse?).

Tabelle 4a (Fortsetzung).

Alter der Proben	Versuchsstelle	Die Kuchen erhärteten 24 Stunden bei Zimmerwärme in feuchter Luft, dann							
		nur im Wasser (Normenprobe)		3 Tage unter Wasser, hierauf an der Luft		nur an der Luft im Zimmer		nur an der Luft im Freien unter Dach	
		Ränder der Kuchen							
		dünn	dick	dünn	dick	dünn	dick	dünn	dick
Cement-Marke F.									
7 Tage	Schumann	b	b	b	b	b	b	b	b
	Meyer	b	b	b	b	b	b	b	b
	Versuchsanstalt	Einige Kuchen von den Platten gelöst				b	b	b	b
28 Tage	Schumann	b	b	b	b	b	b	b	b
	Meyer	—	—	—	—	—	—	—	—
	Versuchsanstalt	Die meisten Kuchen von den Platten gelöst				b	b	—	—
3 Monate	Schumann	b	b	b	b	b	b	b	b
	Meyer	—	—	—	—	—	—	—	—
	Versuchsanstalt	Die meisten Kuchen von den Platten gelöst				b	b	—	—
1 Jahr	Schumann	b	b	b	b	b	b	b	b
	Meyer	—	—	—	—	—	—	—	—
	Versuchsanstalt	Kuchen von den Platten gelöst				b	b	⊙#	⊙#
2 Jahre	Schumann	b	b	b	b	b	b	b	b
	Meyer	b	b	b	b	b	b	b	b
	Versuchsanstalt	Kuchen von den Platten gelöst				b	b	⊙#	⊙#
Cement-Marke G.									
7 Tage	Paulsen[1]	[b	b	b	b	b	b	b	b]
	Schott	b	b	b	b	b	b	b	b
	Versuchsanstalt	b	b	b	Einige Kuchen von den Platten gelöst				
28 Tage	Paulsen	b	b	Alle Kuchen von den Platten gelöst					
	Schott	b	b	b	b	b	b	b	b
	Versuchsanstalt	Alle Kuchen von den Platten gelöst							
3 Monate	Paulsen	b	b	Alle Kuchen von den Platten gelöst					
	Schott	b	b	Kuchen von den Platten gelöst					
	Versuchsanstalt	Alle Kuchen von den Platten gelöst							
1 Jahr	Paulsen	b	⊖	Alle Kuchen von den Platten gelöst					
	Schott	Wie nach drei Monaten							
	Versuchsanstalt	Kuchen von den Platten gelöst						⊙	⊙
2 Jahre	Paulsen	—	—	—	—	—	—	—	—
	Schott	Wie nach drei Monaten							
	Versuchsanstalt	Wie nach einem Jahre							

¹) Proben zu spät angemacht.

Tabelle 4a (Fortsetzung).

Alter der Proben	Versuchsstelle	Die Kuchen erhärteten 24 Stunden bei Zimmerwärme in feuchter Luft, dann							
		nur im Wasser (Normenprobe)		3 Tage unter Wasser, hierauf an der Luft		nur an der Luft im Zimmer		nur an der Luft im Freien unter Dach	
		Ränder der Kuchen							
		dünn	dick	dünn	dick	dünn	dick	dünn	dick
Cement-Marke H.									
7 Tage	Schumann ..	b	b	b	b	b	b	b	b
	Meyer[1]	—	—	—	—	—	—	—	—
	Versuchsanstalt	Alle Kuchen von den Platten gelöst							
28 Tage	Schumann ..	b	b	b	b	b	b	b	b
	Meyer	—	—	—	—	—	—	—	—
	Versuchsanstalt	Alle Kuchen von den Platten gelöst							
3 Monate	Schumann ..	b	b	b	b	b	b	b	b
	Meyer	—	—	—	—	—	—	—	—
	Versuchsanstalt	Alle Kuchen von den Platten gelöst							
1 Jahr	Schumann ..	b	b	b	b	b	b	b	b
	Meyer	—	—	—	—	—	—	—	—
	Versuchsanstalt	Kuchen von den Platten gelöst						⊙	⊙
2 Jahre	Schumann ..	b	b	b	b	b	b	b	b
	Meyer	b	b	b	b	b	b	b	b
	Versuchsanstalt	Wie nach einem Jahre							
Cement-Marke J.									
7 Tage	C. Prüßing[2] .	[b	b	b	b	Einige Kuchen von den Platten gelöst	Sämmtliche Kuchen von den Platten gelöst	b	b]
	Dr. Prüßing .	b	b	b	b	b	Gelöst 1⌒	Alle Kuchen gelöst ⌒	⌒
	Versuchsanstalt	Die meisten Kuchen von den Platten gelöst							
		—	—	b	—	b	b	b	—
28 Tage	C. Prüßing ..	Alle Kuchen von den Platten gelöst							
	Dr. Prüßing .	Alle Kuchen von den Platten gelöst							
		→←	→←	→←	⌒	→←	—	b	b
	Versuchsanstalt	Alle Kuchen von den Platten gelöst							
3 Monate	C. Prüßing ..	—	—	—	—	—	—	—	—
	Dr. Prüßing .	→←	→← 1⌒	→←	⌒	→←	—	1⌒	1⌒
	Versuchsanstalt	Alle Kuchen von den Platten gelöst							
1 Jahr	C. Prüßing ..	—	—	—	—	—	—	—	—
	Dr. Prüßing .	→←	→← 1⌒	→←	1⌒	→←	1⌒	3⌒	⌒
	Versuchsanstalt	Kuchen von den Platten gelöst						⊙	⊙
2 Jahre	C. Prüßing ..	—	—	—	—	—	—	—	—
	Dr. Prüßing .	→←	→← 1⌒	→←	1⌒	→←	1⌒	→← ⌒	→← ⌒
	Versuchsanstalt	Wie nach einem Jahre							

[1] Der Cement H wurde nicht untersucht, weil er alle beschleunigten Proben ausgehalten hatte.
[2] Proben theilweise zu spät angemacht.

Tabelle 4a (Fortsetzung).

Die Kuchen erhärteten 24 Stunden bei Zimmerwärme in feuchter Luft, dann — Ränder der Kuchen:

Alter der Proben	Versuchsstelle	nur im Wasser (Normenprobe) dünn	dick	3 Tage unter Wasser, hierauf an der Luft dünn	dick	nur an der Luft im Zimmer dünn	dick	nur an der Luft im Freien unter Dach dünn	dick
Cement-Marke L.									
7 Tage	Schiffner ...	Alle Kuchen von den Platten gelöst							
	Schindler ...	b	b	b	b	b	b	∿	∿
	Versuchsanstalt	b	b	b	b	b	b	Alle Kuchen gelöst	
28 Tage	Schiffner ...	Alle Kuchen von den Platten gelöst							
	Schindler ...	b	b	b	b	b	b	∿	∿
	Versuchsanstalt	Alle Kuchen von den Platten gelöst							
3 Monate	Schiffner ...	Wie nach 28 Tagen							
	Schindler ...	b	b	b	b	b	b	∿	∿
	Versuchsanstalt	Kuchen von den Platten gelöst						2 ⊙	1 ⊙
1 Jahr	Schiffner ...	Wie nach 28 Tagen							
	Schindler ...	b	b	b	b	b	b	∿	∿
	Versuchsanstalt	Kuchen von den Platten gelöst						⊙	⊙
2 Jahre	Schiffner ...	Wie nach 28 Tagen							
	Schindler ...	b	b	b	b	b	b	∿	∿
	Versuchsanstalt	Wie nach einem Jahre							
Cement-Marke U.									
7 Tage	C. Prüßing ..	b	Einige Kuchen von den Platten gelöst	b	Einige Kuchen von den Platten gelöst	Ein Kuchen von der Platte gelöst	b	b	b
	Dr. Prüßing .	Die meisten Kuchen von den Platten gelöst				b	b	Einige gel.	Alle gelöst
	Versuchsanstalt	Die meisten Kuchen von den Platten gelöst							
28 Tage	C. Prüßing ..	SS	—	—	—	—	—	b	b
	Dr. Prüßing .	—	—	→←	⌣	—	—	—	—
	Versuchsanstalt	—	—	—	—	—	—	⊙	⊙
3 Monate	C. Prüßing ..	Wie nach 28 Tagen							
	Dr. Prüßing .	—	1 ⌣	—	—	—	—	—	—
	Versuchsanstalt	Wie nach 28 Tagen							
1 Jahr	C. Prüßing ..	Wie nach 28 Tagen							
	Dr. Prüßing .	—	→← 1 ⌣	1 →← 2 ⌣	2 ⌣	—	2 ⌣	→← 2 ⌣	⌣
	Versuchsanstalt	Wie nach 28 Tagen							
2 Jahre	C. Prüßing ..	Wie nach 28 Tagen							
	Dr. Prüßing .	—	→← ⌣	→← ⌣	→← ⌣	→←	⌣	→← ⌣	→← ⌣
	Versuchsanstalt	Wie nach 28 Tagen							

Zu „Cement-Marke U“, 28 Tage: über den Zeichen steht jeweils „Die meisten Kuchen von den Platten gelöst“.

Tab. 5. Ergebnisse der Versuchsanstalt bei der Kochprobe nach Michaelis.
(Dünne und dicke Kuchen bis zu 4 Wochen Alter.)

Cement-Marke		Ergebnisse der Kochprobe nach				
		24 Stunden	1 Woche	2 Wochen	3 Wochen	4 Wochen
A	dünn	◉	◉	◉	⌣⊕#	⌣⊕#
	dick	◉	◉	⌣⊕#	⌣⊕#	⌣⊕#
B	dünn	⊕#	⊕#	1⊕	b	b
	dick	⊕#	⊕#	1⊕	⊕	S
C	dünn	b	b	b	b	b
	dick	b	b	b	b	b
D	dünn	b	b	b	b	b
	dick	b	b	b	b	b
F	dünn	⌢⊕#	⌢⊕#	⊕#	b	b
	dick	⌢⊕#	⌢⊕#	⊕	b	b
G	dünn	⊕#	⌢#	⊕#	⊕#	SS⊕
	dick	#	⊕	⊕#	⊕#	b
H	dünn	⊕#	⊕#	⊕	⊕	b
	dick	⊕#	⊕#	S	b	b
J	dünn	‖ #⊕∿	⊕#∿	⊕#	⊕#	#
	dick	#⊕∿	⊕#∿	⊕#	⊕#	#
L	dünn	⌢#⊕	⌢#⊕	⊕	⊕#	b
	dick	⌢#⊕	⌢#⊕	⊕	b	b
U	dünn	⌢#⊕∿	⌢#⊕∿	⌢⊕#	⌢⊕#	⌢⊕#
	dick	⌢#⊕∿	⌢#⊕∿	⌢⊕#	⌢⊕#	⌢⊕#

Die Ergebnisse der Versuchsanstalt weisen auf dem 5000-Maschensiebe bei allen Cementen und auf dem 900-Maschensiebe bei einigen Cementen geringere Rückstände auf, als sie an anderen Versuchsstellen gefunden wurden, was vielleicht auf die bereits oben erwähnte Benutzung von Kügelchen auf dem 5000-Maschensiebe und die schärfere Siebung zurückzuführen ist[1]).

γ. Raumbeständigkeit.

a. Raumbeständigkeit nach 7 Tagen (Tab. 3):

Die Ergebnisse aller Versuche auf Raumbeständigkeit, die entweder je nach der Vorschrift unmittelbar nach dem Abbinden und Erhärten oder einige Zeit (bis zu 7 Tagen) nach dem Anmachen beobachtet wurden, sind im Allgemeinen an den drei Versuchsstellen nahezu übereinstimmend.

Abweichungen, die sich in den Beobachtungen einer Versuchsstelle gegen die der anderen bemerkbar machen, sind wohl nur auf den Umstand zurückzuführen, daß die Cemente nicht, wie vereinbart worden war, stets unmittelbar nach Einlieferung zur Prüfung gelangten, sondern vielfach längere Zeit aufbewahrt wurden, bevor mit den Versuchen begonnen wurde.

Bei einigen Cementen, die innerhalb weniger Wochen an verschiedenen Stellen geprüft wurden, ist der Einfluß der längeren Lagerung, obgleich die Cemente zumeist wohl in den zur Versendung benutzten verlötheten Blechbüchsen aufbewahrt wurden, aus der Abnahme der Zer-

---

[1]) Neuerdings werden derartige Kügelchen für die Siebversuche nicht mehr verwendet.

Tab. 5a. Ergebnisse aller Mitglieder bei der Kochprobe nach Michaelis.
(Beobachtungen bis zu 4 Wochen Alter der dünnen Kuchen.)

Cement-Marke	Versuchs-stelle	Ergebnisse der Kochprobe nach				
		24 Stunden	1 Woche	2 Wochen	3 Wochen	4 Wochen
A	Meyer	—	—	—	—	# ∿
	Schumann . . .	◎	# ☉	☉	schwach	sehr fein
	Versuchsanstalt . .	◎	◎	◎	⌣ ☉ #	⌣ ☉ #
B	C. Prüßing . . .	# ☉	☉	☉	#	b
	Dr. Prüßing . .	#	# schwach	b	b	b
	Versuchsanstalt . .	☉ #	☉ #	1 ☉	b	b
C	Schiffner	#	b	b	b	b
	Schindler	b	b	b	b	b
	Versuchsanstalt . .	b	b	b	b	b
D	Schott	# ∿	#	# ⌢	# ⌢	# ⌢
	Paulsen	# ⌣	#	# ⌢	# wenig	⌢ wenig
	Versuchsanstalt . .	b	b	b	b	b
F	Meyer	—	—	—	—	—
	Schumann . . .	b	—	—	—	—
	Versuchsanstalt . .	⌣ ☉ #	⌣ ☉ #	☉ #	b	b
G	Schott	#	#	b	b	b
	Paulsen	b	—	—	—	—
	Versuchsanstalt . .	☉ #	⌣ #	☉ #	☉ #	SS ☉
H	Meyer	b	b	b	b	b
	Schumann . . .	b	—	—	—	—
	Versuchsanstalt . .	☉ #	☉ #	☉	☉	b
J	C. Prüßing . . .	# ☉ ⌢	# ☉	# ☉ ⌢	b	b
	Dr. Prüßing . . .	# ☉	☉	b	b	b
	Versuchsanstalt . .	‖ # ☉ ∿	# ☉ ∿	☉ #	☉ #	#
L	Schiffner	#	b	b	#	b
	Schindler	b	b	b	b	b
	Versuchsanstalt . .	⌣ # ☉	⌣ # ☉	☉	☉ #	b
U	C. Prüßing . . .	# ☉ ⌣	# ☉ ⌢	# ☉ ⌣	⌢	⌢
	Dr. Prüßing . . .	#	#	—	⌣ ☉ #	⌣ ☉ #
	Versuchsanstalt . .	⌣ # ☉ ∿	⌣ # ☉ ∿	☉ #	⌣ ☉ #	⌣ ☉ #

störungserscheinungen bei den meisten Raumbeständigkeitsproben deutlich ersichtlich, welche That=
sache um so weniger befremden kann, als vermuthlich die meisten Cemente frisch von der Mühle
weg, ohne Lagerung eingeliefert wurden.

So hat z. B. Cement D, der in der Versuchsanstalt nur 8 Tage später als an einer
anderen Stelle geprüft wurde, in der Versuchsanstalt die Kochprobe bestanden, während er,
8 Tage früher durch Kochen geprüft, Kanten= und Netzrisse zeigte und mürbe wurde. Cement
F, der an zwei Stellen etwa 4 Wochen später als in der Versuchsanstalt geprüft wurde,
zeigte nach mehrwöchentlicher Lagerung bei allen sogenannten beschleunigten Proben geringere
Zerstörungserscheinungen. Aehnlich liegt der Fall bei Marke H, J, L und U (vergleiche auch
die weiter unten aufgeführten Beobachtungen der Versuchsanstalt bei der Kochprobe, Tab. 5)

Diese Beobachtungen bestätigen die Erfahrung, daß die Cemente den sogenannten „beschleunigten Raumbeständigkeitsproben" besser widerstehen, wenn sie abgelagert sind.

Die Prüfung auf Raumbeständigkeit nach den Normen ist von allen Cementen an allen Versuchsstellen bestanden worden.

Nur einige Kuchen aus den Cementen A und B haben an zwei Versuchsstellen Krümmungen gezeigt, eine Erscheinung, deren Ursache nicht aufgeklärt ist; mehrere haben sich von den Glasplatten losgelöst, ohne indeß Beschädigungen aufzuweisen. Die an der Luft im Freien aufbewahrten Kuchen der Cemente A, B, J und U haben an einigen Versuchsstellen bereits nach 7 Tagen Krümmungen und Risse gezeigt.

Erhebliche Unterschiede in dem Verhalten der dünnen und der dicken Kuchen sind weder bei Aufbewahrung unter Wasser, noch im Zimmer oder im Freien beobachtet worden. Nach Dr. Schumanns Beobachtung werden die Kuchen mit dünnen Rändern an der Luft früher mürbe.

Vergleicht man mit diesen Ergebnissen die Ergebnisse der sogenannten beschleunigten Proben, so zeigen sich wesentliche Unterschiede.

Am nächsten der Normenprobe in Bezug auf Wirkungsgrad steht augenscheinlich die Darrprobe und die Kugelglühprobe. Dennoch haben verschiedene Cemente die Darrprobe nicht durchweg bestanden z. B. A, F, J, U. Bei der Marke U ist bemerkenswerth, daß der Cement in der Versuchsanstalt bei der Darrprobe am 14. April Netz= und Kantenrisse zeigte, während er an anderer Versuchsstelle bereits am 20. Mai die Darrprobe bestand. Die Heintzelsche Kugelglühprobe ist von den Cementen A, B, F, L und U nicht überall bestanden worden, namentlich zeigt der Cement A an allen 3 Versuchsstellen starke Risse.

Die Kochprobe nach Michaelis haben im frischen Zustande der Kuchen, Tab. 3, nur an 2 Versuchsstellen die Cemente C und L bestanden. Im Uebrigen haben die Cemente bei dieser Probe an den verschiedenen Versuchsstellen mannigfache Zerstörungserscheinungen gezeigt, von einzelnen feinen Netzrissen an bis zum vollständigen Zerkochen. (Vergl. auch Tab. 5, 5a und 6.)

Der Kochprobe steht die Kugelprobe nach Tetmajer wenig nach. Diese Probe hat kein Cement vollständig bestanden. Doch sind bei verschiedenen Cementen erhebliche Zerstörungserscheinungen nur an je einer Versuchsstelle und zwar meistens an der, in welcher der Cement zuerst zur Prüfung kam, beobachtet worden. Am schlechtesten verhielten sich hierbei die Cemente A, D, J und U.

Die Heißwasserprobe nach Maclay hat den gehegten Erwartungen wenig entsprochen. Man hätte annehmen dürfen, daß die sofort nach dem Gießen 3 Stunden dem Dampfbade ausgesetzten und dann 21 Stunden lang gekochten Proben wesentlich weitergehende Zerstörungen zeigen würden als die Kuchen, welche erst nach dem Abbinden oder nach der doppelten Abbindezeit, oder erst nach 24 Stunden dem Dampf und dem Wasserbade ausgesetzt worden sind. Dies hat sich aber nicht oder nur in geringem Maße bestätigt. Die Zerstörungserscheinungen sind fast dieselben, ob man den Kuchen sofort nach dem Anmachen oder erst nach endgültigem Abbinden kocht.

Hiernach würden die Dampfkochproben, wie sie Maclay vorschlägt, auf den vierten Theil der jetzt nothwendigen Versuche beschränkt werden können, oder man könnte sie auch ganz fallen lassen und sich mit der Kochprobe nach Michaelis begnügen, wenn man eine solche Probe überhaupt ausführen will. Die Erscheinungen, welche die nach dem Abbinden in frisches Wasser von etwa 15 C^0 und feuchter Luft von etwa 15 C^0 gebrachten Kuchen, die

Tab. 6. Ergebnisse der von allen Mitgliedern ausgeführten Prüfung

Versuchs-stelle	Prüfung begonnen am:	Raumbeständigkeit							
		Proben bei Zimmerwärme 24 Stunden in feuchter Luft, dann							
		nur im Wasser (Normenprobe)		3 Tage unter Wasser, hierauf an der frischen Luft		nur an der Luft im Zimmer		nur an der Luft im Freien unter Dach	
		Ränder der Kuchen							
		dünn	dick	dünn	dick	dünn	dick	dünn	dick
									Cement-
Meyer	5. 2. 96	Einige Kuchen von den Platten gelöst							
Schumann	1. 2. 96	b	b	b	b	b	b	b	b
Versuchsanstalt	5. 2. 96	Alle Kuchen von den Platten gelöst; schwach gebogen							
Mittel		—	—	—	—	—	—	—	—
									Cement-
C. Prüßing	11. 2. 96[1]	[Einige Kuchen von den Platten gelöst							
Dr. Prüßing	7. 2. 96	Einige Kuchen gelöst		Alle Kuchen von den Platten gelöst (→←)					b
Versuchsanstalt	11. 2. 96	[1⊙	1⊙]	b	b	b	b	b	1⊙
Mittel		—	—	—	—	—	—	—	—
									Cement-
Schiffner	5. 2. 96	2 Kuchen gelöst	Alle Kuchen von den Platten gelöst						
Schindler[2]	24. 2 96	b	b	b	b	b	b	b	b
Versuchsanstalt	19. 2. 96	b	2 Kuchen gelöst	b	b	b	b	⊙ ⌗	1⊙
Mittel		—	—	—	—	—	—	—	—
									Cement-
Schott	20. 2. 96	Alle Kuchen von den Platten gelöst							
Paulsen	11. 2. 96	Alle Kuchen von den Platten gelöst						b	b
								Untere Fläche rissig	
Versuchsanstalt	28. 2 96	Nicht ausgeführt, weil die Kochprobe bestanden wurde							
Mittel		—	—	—	—	—	—	—	—
									Cement-
Meyer	30. 3. 96	b	b	b	b	b	b	b	b
Schumann	7. 4. 96	b	b	b	b	b	b	b	b
Versuchsanstalt	5. 3. 96[3]	Die meisten Kuchen von den Platten gelöst							
		—	—	—	—	b	b	—	—
Mittel		—	—	—	—	—	—	—	—

auf Raumbeständigkeit und Festigkeit nach 28 Tagen Alter der Proben.

Kochprobe nach Michaelis		Preßkuchenprobe nach Prüßing 2 Kuchen sogleich aus der Form genommen, 24 Stunden in einem Kasten gegen Ausdünstung geschützt u. dann in kaltes Wasser gelegt	Festigkeit			Bemerkungen
			1 Cement + 3 Normalsand			
dünne Kuchen	dicke Kuchen		Mittel aus Versuchen	Zug-festigkeit kg/qcm	Druck-festigkeit kg/qcm	
Marke A.						
[⌗∿]	[⌗∿]	b	10	14,9	158,9	—
—	[⊙]	[⊙]	5	15,6	172,0	
[⌗/⊙]	[⌗/⊙]	[⊙]	10	15,3	171,4	
—	—	—	—	**15,3**	**167,4**	
Marke B.						
b	b	[⌣]	10	17,4	114,3]	¹) Die letzten Raumbeständigkeits-proben wurden erst am 4. April 1896 angemacht.
b	b	b	10	14,0	92,4	
b	S Unterseite	[⌣]	10	14,8	116,6	
—	—	—	—	**15,4**	**107,8**	
Marke C.						
b	b	b	10	21,4	146,0	
b	b	[⊙]	10	[15,1	168,4]	²) Fast sämmtliche Proben zeigten auf der unteren Seite größere Risse (Schwindrisse?).
b	b	[⌣]	10	21,2	142,7	
—	—	—	—	**19,2**	**152,4**	
Marke D.						
[⌗/⌣]	[⌗/⌣]	b	10	17,0	162,3	—
[⌣]	[⌣]	b	10	18,5	134,8	
b	b	Nicht ausgeführt	10	16,5	148,3	
—	—	—	—	**17,3**	**148,5**	
Marke F.						
b	b	b	—	13,5	132,4	
—	—	[⌗]	5	13,1	137,0	
b	b	[⌣]	10	15,4	141,2	³) Der Cement wirkte sehr ätzend auf die Haut.
—	—	—	—	**14,0**	**136,9**	

Tabelle 6

<table>
<tr>
<th rowspan="5">Versuchs-
stelle</th>
<th rowspan="5">Prüfung
begonnen
am:</th>
<th colspan="8">Raumbeständigkeit</th>
</tr>
<tr>
<th colspan="8">Proben bei Zimmerwärme 24 Stunden in feuchter Luft, dann</th>
</tr>
<tr>
<th colspan="2">nur im Wasser
(Normenprobe)</th>
<th colspan="2">3 Tage unter
Wasser, hierauf an
der frischen Luft</th>
<th colspan="2">nur an der Luft
im Zimmer</th>
<th colspan="2">nur an der Luft
im Freien
unter Dach</th>
</tr>
<tr>
<th colspan="8">Ränder der Kuchen</th>
</tr>
<tr>
<th>dünn</th><th>dick</th><th>dünn</th><th>dick</th><th>dünn</th><th>dick</th><th>dünn</th><th>dick</th>
</tr>

<tr><td colspan="10" style="text-align:right">Cement-</td></tr>

<tr><td>Schott</td><td>22. 4. 96</td><td>b</td><td>b</td><td>b</td><td>b</td><td>b</td><td>b</td><td>b</td><td>b</td></tr>
<tr><td>Paulsen</td><td>11. 8. 96</td><td>b</td><td>b</td><td colspan="6">Alle Kuchen von den Platten gelöst</td></tr>
<tr><td>Versuchsanstalt</td><td>20. 3. 96</td><td colspan="8">Alle Kuchen von den Platten gelöst</td></tr>
<tr><td>Mittel</td><td></td><td>—</td><td>—</td><td>—</td><td>—</td><td>—</td><td>—</td><td>—</td><td>—</td></tr>

<tr><td colspan="10" style="text-align:right">Cement-</td></tr>

<tr><td>Meyer</td><td>5. 5. 96</td><td>b</td><td>b</td><td>b</td><td>b</td><td>b</td><td>b</td><td>b</td><td>b</td></tr>
<tr><td>Schumann</td><td>12. 5. 96</td><td>b</td><td>b</td><td>b</td><td>b</td><td>b</td><td>b</td><td>b</td><td>b</td></tr>
<tr><td>Versuchsanstalt</td><td>17. 3. 96</td><td colspan="8">Alle Kuchen von den Platten gelöst</td></tr>
<tr><td>Mittel</td><td></td><td>—</td><td>—</td><td>—</td><td>—</td><td>—</td><td>—</td><td>—</td><td>—</td></tr>

<tr><td colspan="10" style="text-align:right">Cement-</td></tr>

<tr><td>C. Prüßing</td><td>12. 5. 96[1])</td><td colspan="8">[Alle Kuchen von den Platten gelöst</td></tr>
<tr><td rowspan="2">Dr. Prüßing</td><td rowspan="2">17. 4. 96</td><td colspan="8">Alle Kuchen von den Platten gelöst</td></tr>
<tr><td>→←</td><td>→←</td><td>→←</td><td>⌒</td><td>→←</td><td>—</td><td>b</td><td>b</td></tr>
<tr><td>Versuchsanstalt</td><td>10. 3. 96</td><td colspan="8">Alle Kuchen von den Platten gelöst</td></tr>
<tr><td>Mittel</td><td></td><td>—</td><td>—</td><td>—</td><td>—</td><td>—</td><td>—</td><td>—</td><td>—</td></tr>

<tr><td colspan="10" style="text-align:right">Cement-</td></tr>

<tr><td>Schiffner</td><td>31. 3. 96</td><td colspan="8">Alle Kuchen von den Platten gelöst</td></tr>
<tr><td>Schindler</td><td>26. 3. 96</td><td>b</td><td>b</td><td>b</td><td>b</td><td>b</td><td>b</td><td>〜²)</td><td>〜²)</td></tr>
<tr><td>Versuchsanstalt</td><td>13. 3. 96</td><td colspan="8">Alle Kuchen von den Platten gelöst</td></tr>
<tr><td>Mittel</td><td></td><td>—</td><td>—</td><td>—</td><td>—</td><td>—</td><td>—</td><td>—</td><td>—</td></tr>

<tr><td colspan="10" style="text-align:right">Cement-</td></tr>

<tr><td rowspan="2">C. Prüßing</td><td rowspan="2">2. 7. 96</td><td>ſſ</td><td>—</td><td>—</td><td>—</td><td>—</td><td>—</td><td>b</td><td>b</td></tr>
<tr><td colspan="8">Alle Kuchen von den Platten gelöst</td></tr>
<tr><td rowspan="2">Dr. Prüßing</td><td rowspan="2">20. 5. 96</td><td colspan="8">Die meisten Kuchen von den Platten gelöst</td></tr>
<tr><td>—</td><td>—</td><td>→←</td><td>⌒</td><td>—</td><td>—</td><td>—</td><td>—</td></tr>
<tr><td>Versuchsanstalt</td><td>14. 4. 96</td><td colspan="8">Die meisten Kuchen von den Platten gelöst</td></tr>
<tr><td>Mittel</td><td></td><td>—</td><td>—</td><td>—</td><td>—</td><td>—</td><td>—</td><td>—</td><td>—</td></tr>
</table>

(Fortsetzung).

Kochprobe nach Michaelis		Preßkuchenprobe nach Prüßing 2 Kuchen sogleich aus der Form genommen, 24 Stunden in einem Kasten gegen Ausdünstung geschützt u. dann in kaltes Wasser gelegt	Festigkeit			Bemerkungen
			1 Cement + 3 Normalsand			
dünne Kuchen	dicke Kuchen		Mittel aus Versuchen	Zugfestigkeit kg/qcm	Druckfestigkeit kg/qcm	

Marke G.

dünne Kuchen	dicke Kuchen	Preßkuchenprobe	Mittel aus Versuchen	Zugfestigkeit kg/qcm	Druckfestigkeit kg/qcm	Bemerkungen
b	b	b	10	16,2	170,7	
b	b	b	10	19,5	127,2	
SS ⊙	b	b	10	15,8	137,7	—
—	—	—	—	**17,2**	**145,2**	

Marke H.

dünne Kuchen	dicke Kuchen	Preßkuchenprobe	Mittel aus Versuchen	Zugfestigkeit kg/qcm	Druckfestigkeit kg/qcm	Bemerkungen
b	b	b	—	14,75	127,9	
b	b	b	5	16,1	149,0	—
b	b	b	10	16,2	128,5	
—	—	—	—	**15,7**	**135,1**	

Marke J.

dünne Kuchen	dicke Kuchen	Preßkuchenprobe	Mittel aus Versuchen	Zugfestigkeit kg/qcm	Druckfestigkeit kg/qcm	Bemerkungen
b	b	b	10	19,95	151,85]	[1] Die letzten Raumbeständigkeitsproben wurden erst am 5. August 1897 angemacht.
b	b	b	10	16,8	141,8	
#	#	⌢	10	16,7	152,6	
—	—	—	—	**17,8**	**148,8**	

Marke L.

dünne Kuchen	dicke Kuchen	Preßkuchenprobe	Mittel aus Versuchen	Zugfestigkeit kg/qcm	Druckfestigkeit kg/qcm	Bemerkungen
b	b	b	10	17,8	166,0	[2] An den Rändern mürbe; mit den Fingern ließen sich Theile abbrücken.
b	b	b	10	[14,5	167,6]	
b	b	b	10	16,6	156,7	
—	—	—	—	**16,3**	**163,4**	

Marke U.

dünne Kuchen	dicke Kuchen	Preßkuchenprobe	Mittel aus Versuchen	Zugfestigkeit kg/qcm	Druckfestigkeit kg/qcm	Bemerkungen
⌢	b	# ⊙	10	19,45	176,15	
#	#	—	10	17,3	158,5	—
# ⊙ ⌣	# ⊙ ⌣	⊙ ⌣	10	15,7	155,4	
—	—	--	—	**17,5**	**163,4**	

Tab. 7. Ergebnisse der in der Versuchsanstalt ausgeführten Versuche auf Längenänderung.

Versuch Nr.	Reiner Cement					1 Cement + 3 Rheinsand				
	Differenzen der Längenabmessungen zwischen je 2 Altersklassen in $^1/_{1000}$ mm									
	24 St. — 28 Tage	28 Tage — 90 Tage	90 Tage — 360 Tage	360 Tage — 2 Jahre	2 Jahre — 4 Jahre	24 St. — 28 Tage	28 Tage — 90 Tage	90 Tage — 360 Tage	360 Tage — 2 Jahre	2 Jahre — 4 Jahre
Cement A.										
1	+ 41	(+ 520)	+ 7	+ 2		0	+ 8	— 20	— 13	
2	+ 41	0	+ 15	+ 10		0	0	— 20	— 13	
3	+ 39	0	+ 12	+ 9		+ 1	+ 8	— 21	— 17	
4	+ 1	(— 330)	0	+ 2		+ 5	+ 7	— 25	— 13	
5	+ 58	0	— 5	+ 5		0	+ 2	— 20	— 18	
Sa.	240	0	29	28		6	25	106	74	
Mittel	+ 48	0	+ 6	+ 6		+ 1	+ 5	— 21	— 15	
Sa.	+ 48	+ 48	+ 54	+ 60		+ 1	+ 6	— 15	— 30	
Cement B.										
1	+ 71	+ 3	+ 12	+ 3		+ 8	+ 25	+ 5	— 7	
2	+ 53	+ 5	+ 8	+ 8		+ 7	+ 60	+ 18	— 24	
3	+ 54	+ 5	+ 0	+ 0		+ 8	+ 40	+ 90	— 21	
4	+ 77	+ 2	+ 10	+ 8		+ 9	+ 3	+ 5	— 39	
5	+ 67	+ 0	+ 5	+ 13		+ 5	+ 2	+ 0	— 38	
Sa.	322	15	35	32		37	130	118	— 129	
Mittel	+ 64	+ 3	+ 7	+ 6		+ 7	+ 26	+ 24	— 26	
Sa.	+ 64	+ 67	+ 74	+ 80		+ 7	+ 33	+ 57	+ 31	
Cement C.										
1	+ 44	+ 20	+ 12	— 8		+ 15	— 5	+ 10	— 48	
2	+ 66	+ 0	+ 8	+ 1		+ 25	— 7	0	— 28	
3	+ 95	+ 0	+ 15	— 19		+ 12	+ 3	0	— 28	
4	+ 62	+ 37	+ 7	± 0		+ 9	— 7	0	— 25	
5	+ 20	+ 6	+ 7	+ 4		+ 14	+ 2	0	— 26	
Sa.	287	63	49	— 22		75	— 14	+ 10	155	
Mittel	+ 57	+ 13	+ 10	— 4		+ 15	— 3	+ 2	— 31	
Sa.	+ 57	+ 70	+ 80	+ 76		+ 15	+ 12	+ 14	— 17	
Cement D.										
1 .	+ 75	+ 10	+ 20	— 11		+ 15	— 8	+ 32	— 46	
2	+ 83	+ 16	+ 25	— 10		+ 10	— 6	+ 30	(— 850)	
3	+ 90	0	+ 23	— 16		+ 28	— 17	0	— 20	
4	+ 87	0	+ 20	— 15		+ 9	+ 3	+ 10	— 41	
5	+ 94	— 10	+ 25	— 18		+ 13	+ 7	0	— 21	
Sa.	429	+ 16	113	70		75	— 21	72	128	
Mittel	+ 86	+ 3	+ 23	— 14		+ 15	— 4	+ 14	— 32	
Sa.	+ 86	+ 89	+ 122	+ 108		+ 15	+ 11	+ 25	— 7 .	
Cement F.										
1	—	+ 15	+ 20	— 1		—	—	—	—	
2	—	+ 10	0	+ 17		—	— 13	0	— 16	
3	—	+ 7	+ 13	+ 9		—	0	0	— 20	
4	—	+ 17	+ 13	+ 16		—	— 30	0	— 12	
5	—	+ 15	+ 15	+ 6		—	— 2	0	— 28	
Sa.	—	64	61	37		—	45	0	76	
Mittel	—	+ 13	+ 12	+ 7		—	— 11	0	— 19	
Sa.	(+ 53)	+ 66	+ 78	+ 85		(+ 8)	— 3	— 3	— 22	

Tabelle 7 (Fortſetzung).

Ver= ſuch Nr.	Reiner Cement					1 Cement + 3 Rheinſand				
	Differenzen der Längenabmeſſungen zwiſchen je 2 Altersklaſſen in $^1/_{1000}$ mm									
	24 Stb. — 28 Tage	28 Tage — 90 Tage	90 Tage — 360 Tage	360 Tage — 2 Jahre	2 Jahre — 4 Jahre	24 St. — 28 Tage	28 Tage — 90 Tage	90 Tage — 360 Tage	360 Tage — 2 Jahre	2 Jahre — 4 Jahre
Cement G										
1	+ 38	+ 30	+ 47	— 22		—	—	—	—	
2	+ 45	+ 28	+ 22	+ 5		+ 1	+ 7	— 3	— 29	
3	+ 45	+ 23	+ 22	+ 5		+ 22	+ 11	— 11	— 20	
4	+ 65	0	+ 15	+ 10		0	0	— 7	— 33	
5	+ 21	+ 18	+ 45	+ 22		+ 2	+ 25	— 7	— 23	
Sa.	214	99	151	+ 20		25	43	28	105	
Mittel	+ 43	+ 20	+ 30	+ 4		+ 6	+ 11	— 7	— 26	
Sa.	**+ 43**	**+ 63**	**+ 93**	**+ 97**[1]		**+ 6**	**+ 17**	**+ 10**	**— 16**	
Cement H.										
1	+ 53	+ 23	0	+ 5		+ 0	+ 7	— 12	— 25	
2	+ 44	+ 7	+ 17	+ 9		+ 12	+ 0	— 7	— 25	
3	+ 50	+ 0	+ 10	+ 11		+ 7	+ 0	— 15	— 20	
4	+ 40	+ 39	0	(— 422)		+ 12	+ 0	— 8	— 24	
5	+ 92	+ 3	+ 20	+ 17		+ 0	+ 5	— 2	— 16	
Sa.	279	72	47	42		31	12	44	110	
Mittel	+ 56	+ 14	+ 9	+ 10		+ 6	+ 2	— 9	— 22	
Sa.	**+ 56**	**+ 70**	**+ 79**	**+ 89**		**+ 6**	**+ 8**	**— 1**	**— 23**	
Cement J.										
1	+ 42	+ 55	+ 18	— 45		+ 0	+ 0	0	— 55	
2	+ 78	+ 18	+ 2	— 27		+ 16	+ 33	0	— 88	
3	+ 50	+ 30	+ 25	— 26		+ 0	+ 10	0	— 75	
4	+ 85	+ 15	+ 15	— 13		+ 6	+ 3	0	— 69	
5	+ 32	+ 28	+ 45	— 7		+ 7	0	0	— 67	
Sa.	287	146	105	— 118		29	46	0	354	
Mittel	+ 57	+ 29	+ 21	— 24		+ 6	+ 9	0	— 71	
Sa.	**+ 57**	**+ 96**	**+ 117**	**+ 93**		**+ 6**	**+ 15**	**+ 15**	**— 56**	
Cement L.										
1	+ 75	0	+ 10	— 18		+ 10	+ 10	— 37	— 48	
2	+ 65	+ 4	+ 8	— 24		+ 8	+ 7	— 15	— 88	
3	+ 53	+ 50	+ 5	— 5 [2]		+ 1	+ 2	— 28	— 62 [2]	
4	+ 46	+ 8	+ 2	— 10		+ 6	+ 11	— 55	— 59	
5	+ 45	+ 40	+ 13	— 44		+ 10	+ 20	— 20	—	
Sa.	284	102	38	101		35	50	152	257	
Mittel	+ 57	+ 20	+ 8	— 20		+ 7	+ 10	— 30	— 64	
Sa.	**+ 57**	**+ 77**	**+ 85**	**+ 70**[3]		**+ 7**	**+ 17**	**— 13**	**— 85**	
Cement U.										
1	+ 117	+ 25	+ 35	+ 8		+ 10	0	0	— 16	
2	+ 110	+ 25	+ 25	+ 9		+ 27	0	0	— 50	
3	+ 90	+ 45	+ 45	— 7		+ 2	0	0	— 14	
4	—	—	—	+ 8		+ 8	+ 7	1	— 29	
5	—	—	—	—		—	—	—	—	
Sa.	317	+ 95	105	+ 18		47	+ 7	1	109	
Mittel	+ 106	+ 32	+ 35	+ 5		+ 12	+ 2	+ 0	— 27	
Sa.	**+ 106**	**+ 138**	**+ 173**	**+ 178**		**+ 12**	**+ 14**	**+ 14**	**— 13**	

[1]) Einzelne Haarriſſe an der oberen, geglätteten Fläche: [2]) Dieſe Werthe ſind nachträglich an Proben von 2 Jahren 10 Monaten Alter ermittelt worden. [3]) Einzelne Querriſſe an den Seiten und der unteren Fläche.

Tab. 7a. Zusammenstellung der Mittelwerthe der Längenmessungen in der Versuchsanstalt.

| Cement-Marke | Reiner Cement | | | | | 1 Cement + 3 Rheinsand | | | | |
| | Differenzen der Längenabmessungen zwischen je 2 Altersklassen in $1/_{1000}$ mm | | | | | | | | | |
	24 Std. — 28 Tage	28 Tage — 90 Tage	90 Tage — 360 Tage	360 Tage — 2 Jahre	2 Jahre — 4 Jahre	24 Std. — 28 Tage	28 Tage — 90 Tage	90 Tage — 360 Tage	360 Tage — 2 Jahre	2 Jahre — 4 Jahre
A.	+ 48	+ 0	+ 6	+ 6		+ 1	+ 5	— 21	— 15	
B.	+ 64	+ 3	+ 7	+ 6		+ 7	+ 26	+ 24	— 26	
C.	+ 57	+ 13	+ 10	— 4		+ 15	— 3	+ 2	— 31	
D.	+ 86	+ 3	+ 23	— 14		+ 15	— 4	+ 14	— 32	
F.	(+ 53)	+ 13	+ 12	+ 7		(+ 8)	— 11	0	— 19	
G.	+ 43	+ 20	+ 30	+ 4		+ 6	+ 17	+ 10	— 16	
H.	+ 56	+ 14	+ 9	+ 10		+ 6	+ 2	— 9	— 22	
J.	+ 57	+ 29	+ 21	— 24		+ 6	+ 9	0	— 71	
L.	+ 57	+ 20	+ 8	— 20		+ 7	+ 10	— 30	— 64	
U.	+ 106	+ 32	+ 35	+ 5		+ 12	+ 2	+ 0	— 27	

nach Maclay zum Vergleiche ausgeführt wurden, gezeigt haben, entsprechen annähernd den beobachteten Erscheinungen der ähnlich behandelten Normenproben. Somit würden auch diese Proben überflüssig werden. Sie sind ohnedies schwer ausführbar, da es schwierig ist, Wasser- und Luftwärme längere Zeit auf 15 C⁰ gleichmäßig zu erhalten.

Der Preßkuchenprobe nach Prüßing hat, soweit sie sich auf frische Kuchen bezieht (Tab. 3), kein Cement widerstanden. Selbst die Preßkuchen, welche 28 Tage nur in kaltem Wasser erhärteten (Tab. 6), haben vielfach starke Verkrümmungen und theilweise Netz- und Kantenrisse gezeigt. Die Neigung zu Verkrümmungen ist augenscheinlich auf die Art der Herstellung der Preßkuchen zurückzuführen [1].

Wollte man die geprüften zehn Cemente nach den beschleunigten Raumbeständigkeitsprüfungen innerhalb des Zeitraumes der ersten Beobachtungswoche beurtheilen, was doch Zweck dieser Proben ist, so müßten die zehn Cemente sämmtlich verworfen werden. Schwerlich würde sich ein Bauherr finden, der den Muth hätte, einen so raumunbeständigen Cement zu verwenden, wie die geprüften Cemente zu sein scheinen, wenn man sie nach den beschleunigten Raumbeständigkeitsprüfungen beurtheilt. Die beschleunigten Proben würden also zur Ausschließung von Cementen führen, die sehr wohl brauchbar sind.

Die Betrachtung der weiteren Versuchsergebnisse wird zeigen, wie sich die Cemente in ihrem Erhärtungsfortgange und namentlich auch bei längerem Aufenthalte im Freien bewährt haben.

b. Kuchenproben nach den Normen und bei Luftlagerung bis zu 2 Jahren Alter
(Tab. 4 und 4a).

Nach dem Arbeitsplane wurden die Kuchen nach 28 Tagen, 3 Monaten, 1 Jahre und 2 Jahren beobachtet. Die hierbei gewonnenen Ergebnisse der Versuchsanstalt sind in Tab. 4 vereinigt. Darnach lösten sich nach 28 Tagen Alter die Kuchen in zahlreichen Fällen von den Glasplatten ab. Ob hierauf besonderes Gewicht zu legen ist, sei dahingestellt. Wahrscheinlich ist diese Erscheinung eine Folge wechselnder Wärme im Aufbewahrungsraum und daher für die Beurtheilung der Proben bedeutungslos [2].

---

[1] Herr C. Prüßing bestreitet dies und ist nach wie vor der Ansicht, daß ein wirklich raumbeständiger Cement die Preßkuchenprobe besteht. Die übrigen Mitglieder der Kommission sind der Ansicht des Berichterstatters.

[2] Herr Dr. Schumann führt das Loslösen der Kuchen von den Glasplatten auf Schwindung zurück.

Tab. 7b. Mittelwerthe der Versuche aller Mitglieder auf Längenänderung.

Versuchs-stelle	Längenänderung in $^1/_{1000}$ mm bezogen auf die Länge nach 24 Stunden nach									
	28 Tagen	3 Monaten	1 Jahr	2 Jahren	4 Jahren	28 Tagen	3 Monaten	1 Jahr	2 Jahren	4 Jahren
	Reiner Cement					1 Gew.-Thl. Cement + 3 Gew.-Thl. Rheinsand				
Cement-Marke A.										
Schumann . .	+ 128	+ 183	+ 227	+ 242		+ 30	+ 41	+ 43	+ 44	
Meyer	—	—	—	—		—	—	—	—	
Versuchsanstalt	+ 48	+ 48	+ 54	+ 60		+ 1	+ 6	— 15	— 30	
Cement-Marke B.										
C. Prüßing . .	+ 103	+ 134	+ 157	+ 158		± 0	— 4	— 8	— 10	
Dr. Prüßing .	+ 135	+ 189	—	—		+ 6	— 14	—	—	
Versuchsanstalt	+ 64	+ 67	+ 74	+ 80		+ 7	+ 33	+ 57	+ 31	
Cement-Marke C.										
Schiffner . . .	+ 73	+ 96	+ 132	+ 153,5		— 1	+ 1	+ 8	— 1	
Schindler . . .	+ 11	+ 18	+ 25	—		+ 7	+ 11	+ 13	—	
Versuchsanstalt	+ 57	+ 70	+ 80	+ 76		+ 15	+ 12	+ 14	— 17	
Cement-Marke D.										
Paulsen	+ 126	+ 142	+ 185	+ 203		+ 15	+ 13	+ 14	+ 23	
Schott	+ 141	+ 169	+ 207	+ 221		+ 19	+ 11	+ 13	+ 14	
Versuchsanstalt	+ 86	+ 89	+ 122	+ 108		+ 15	+ 11	+ 25	— 7	
Cement-Marke F.										
Schumann . . .	+ 133	+ 169	+ 203	+ 228		+ 37	+ 42	+ 44	+ 46	
Meyer	—	—	—	—		—	—	—	—	
Versuchsanstalt	(+ 53)	+ 66	+ 78	+ 85		(+ 8)	— 3	— 3	— 22	
Cement-Marke G.										
Paulsen	+ 39	+ 65	+ 74	+ 84		— 5	—	— 1	— 4	
Schott	+ 44	+ 74	+ 89	+ 98		+ 1	+ 13	+ 16	+ 12	
Versuchsanstalt	+ 43	+ 63	+ 93	+ 97		+ 6	+ 17	+ 10	— 16	
Cement-Marke H.										
Schumann . . .	+ 64	+ 84	+ 99	+ 114		+ 11	+ 12	+ 14	+ 14	
Meyer	—	—	—	—		—	—	—	—	
Versuchsanstalt	+ 56	+ 70	+ 79	+ 89		+ 6	+ 8	— 1	— 23	
Cement-Marke J.										
C. Prüßing . .	+ 54	+ 73	+ 107	+ 132		+ 5	+ 7	— 2	+ 2	
Dr. Prüßing .	+ 91	Apparat unbrauchbar geworden				+ 2	Apparat unbrauchbar geworden			
Versuchsanstalt	+ 57	+ 96	+ 117	+ 93		+ 6	+ 15	+ 15	— 56	
Cement-Marke L.										
Schiffner . . .	+ 71	+ 92	+ 132	+ 149		+ 7	+ 5	+ 11	+ 7	
Schindler . . .	+ 8	+ 15	+ 20	—		+ 6	+ 9	+ 10	—	
Versuchsanstalt	+ 57	+ 77	+ 85	+ 70[1]		+ 7	+ 17	— 13	— 85[1]	
Cement-Marke U.										
C. Prüßing . .	+ 106	+ 150	+ 186	+ 210		+ 4	+ 8	+ 9	+ 11	
Dr. Prüßing .	+ 99	Apparat unbrauchbar geworden				+ 19	Apparat unbrauchbar geworden			
Versuchsanstalt	+ 106	+ 138	+ 173	+ 178		+ 12	+ 14	+ 14	— 13	

[1] Diese Werthe sind nachträglich an Proben von 2 Jahren 10 Monaten Alter ermittelt worden.

Tab. 8. Zusammenstellung der Mittelwerthe der in der Versuchsanstalt ausgeführten Versuche auf Zugfestigkeit der Rheinsandmörtel 1 + 1.

Mittlere Zugfestigkeit kg/qcm.

Mischung	1 Gew.-Thl. Cement + 1 Gew.-Thl. Rheinsand					Bemerkungen
Alter	28 Tage	3 Monate	1 Jahr	2 Jahre	4 Jahre	
Cement A	24,9	32,6	38,2	38,8		
„ B	21,1	29,1	39,6	38,1		
„ C	31,0	40,0	45,8	42,4		24 Stunden im feuchten Raume, die übrige Zeit unter Wasser erhärtet
„ D	26,3	34,9	47,8	42,8		
„ F	24,7	26,8	38,5	37,7		
„ G	26,1	33,0	41,6	44,4		
„ H	23,9	26,9	37,8	43,8		
„ J	26,3	30,1	39,5	38,1		
„ L	20,7	24,5	34,1	34,6		
„ U	23,9	38,3	45,9	42,1		
Mittel	**24,9**	**31,6**	**40,9**	**40,3**		
Cement A	32,9	48,9	41,7	43,6		
„ B	34,0	45,1	54,7	52,8		
„ C	37,8	45,9	41,4	39,4		24 Stunden im feuchten Raume, drei Tage im Wasser, dann in Kellerluft erhärtet
„ D	36,3	40,7	36,5	62,5		
„ F	33,6	40,7	49,7	62,9		
„ G	41,7	37,7	43,8	53,1		
„ H	30,5	40,3	45,2	66,1		
„ J	35,6	42,7	51,6	46,2		
„ L	33,3	39,0	49,0	62,4		
„ U	36,8	35,4	41,4	39,4		
Mittel	**35,3**	**41,6**	**45,5**	**52,8**		
Cement A	28,4	38,5	39,7	41,5		
„ B	30,9	42,3	55,4	50,5		
„ C	32,7	37,3	45,2	57,2		24 Stunden im feuchten Raume, dann in Kellerluft erhärtet
„ D	32,7	36,1	36,4	50,1		
„ F	34,5	41,1	46,6	64,3		
„ G	36,2	35,9	42,0	51,4		
„ H	33,3	34,8	48,7	68,6		
„ J	34,4	36,8	48,2	49,4		
„ L	32,4	33,0	45,5	61,9		
„ U	32,0	32,5	44,0	53,5		
Mittel	**32,8**	**36,8**	**45,2**	**54,8**		

Im Uebrigen haben in der Versuchsanstalt (Tab. 4) alle Kuchen, die unter Wasser oder im Zimmer lagen, bis zu 2 Jahren keine Veränderungen gezeigt. Dagegen wiesen die im Freien aufbewahrten Kuchen mit zunehmendem Alter wachsende Zerstörungserscheinungen auf, die schließlich in Netz- und Kantenrissen in die Erscheinung traten, wie namentlich bei den Cementen B, C und F deutlich zu sehen ist.

Diese Erscheinung ist an anderen Versuchsstellen (Tab. 4a) nicht beobachtet worden. In der Versuchsanstalt lagen die Kuchen zwar unter Dach im Freien, aber Mangels geeigneter Räumlichkeiten konnte nicht verhindert werden, daß sie zuweilen von Sonnenschein, Regen und Schnee getroffen wurden, was zweifellos erhebliche Raumänderungen in den Körpern bewirken mußte, die sich an den gleichartigen Proben im Zimmer nicht bemerkbar machten. Auch hierbei zeigten dünne und dicke Kuchen übereinstimmendes Verhalten.

Tab. 8a. Zugfestigkeit der Rheinsandmörtel 1 + 1.
Mittelwerthe aller Kommissionsmitglieder kg/qcm.

Versuchs-stelle	24 Stunden an der feuchten Luft, dann im Wasser erhärtet					24 Stunden an der feuchten Luft, 3 Tage im Wasser, dann an der Luft erhärtet					24 Stunden an der feuchten Luft, dann an der Luft erhärtet				
	28 Tage	3 Monate	1 Jahr	2 Jahre	4 Jahre	28 Tage	3 Monate	1 Jahr	2 Jahre	4 Jahre	28 Tage	3 Monate	1 Jahr	2 Jahre	4 Jahre
Cement-Marke A.															
Meyer	24,1	30,5	38,0	46,4		37,4	43,3	37,1	44,4		33,5	38,6	33,3	51,6	
Schumann . .	28,4	31,7	42,9	47,2		37,4	39,0	41,4	52,1		33,2	34,9	37,9	45,4	
Versuchsanstalt	24,9	32,6	38,2	38,8		32,9	48,9	41,7	43,6		28,4	38,5	39,7	41,5	
Cement-Marke B.															
C. Prüßing	24,6	31,8	38,0	42,5		40,1	47,0	74,6	73,7		46,1	50,1	73,8	74,6	
Dr. Prüßing	19,9	25,6	34,7	42,9		31,0	55,9	59,2	61,9		45,5	45,9	56,7	68,4	
Versuchsanstalt	21,1	29,1	39,6	38,1		34,0	45,1	54,7	52,8		30,9	42,3	55,4	50,5	
Cement-Marke C.															
Schiffner . . .	28,6	34,4	44,3	38,4		47,5	38,7	50,1	48,4		33,6	36,3	46,7	55,1	
Schindler . .	25,4	29,1	36,6	43,0		37,6	38,2	41,2	44,7		25,5	26,8	43,4	56,2	
Versuchsanstalt	31,0	40,0	45,8	42,4		37,8	45,9	41,4	39,4		32,7	37,3	45,2	57,2	
Cement-Marke D.															
Schott	26,1	33,2	42,9	45,8		40,9	42,2	50,0	58,0		36,1	42,2	56,3	69,2	
Paulsen . . .	27,3	31,0	41,9	45,7		42,5	51,2	53,6	60,8		38,4	37,8	56,3	47,3	
Versuchsanstalt	26,3	34,9	47,8	42,8		36,3	40,7	36,5	62,5		32,7	36,1	36,4	50,1	
Cement-Marke F.															
Meyer	22,6	27,5	37,0	43,9		32,9	35,5	40,1	47,0		31,4	29,8	43,2	44,7	
Schumann . .	22,5	27,8	35,8	45,3		39,6	40,8	45,1	51,0		36,4	37,3	42,8	48,3	
Versuchsanstalt	24,7	26,8	38,5	37,7		33,6	40,7	49,7	62,9		34,5	41,1	46,6	64,3	
Cement-Marke G.															
Schott	30,3	37,7	45,3	45,8		39,7	44,9	66,1	70,1		38,3	42,9	58,1	57,9	
Paulsen . . .	25,0	35,3	42,5	45,4		46,1	39,9	52,3	64,3		37,4	32,9	54,7	60,8	
Versuchsanstalt	26,1	33,0	41,6	44,4		41,7	37,7	43,8	53,1		36,2	35,9	42,0	51,4	
Cement-Marke H.															
Meyer	—	—	—	—		—	—	—	—		—	—	—	—	
Schumann . .	25,2	31,4	36,1	40,1		39,7	43,4	49,3	54,5		35,0	38,0	39,9	48,7	
Versuchsanstalt	23,9	26,9	37,8	43,8		30,5	40,3	45,2	66,1		33,3	34,8	48,7	68,6	
Cement-Marke J.															
C. Prüßing .	26,1	34,3	44,6	43,1		44,5	54,9	67,8	77,3		36,9	55,4	77,9	77,7	
Dr. Prüßing	21,3	28,2	35,4	38,3		39,2	40,3	48,8	48,2		31,2	30,2	51,1	56,3	
Versuchsanstalt	26,3	30,1	39,5	38,1		35,6	42,7	51,6	46,2		34,4	36,8	48,2	49,4	
Cement-Marke L.															
Schiffner . . .	22,1	26,7	30,7	36,4		34,5	38,4	42,6	48,5		30,7	31,8	37,2	50,7	
Schindler . .	23,0	29,8	35,2	40,4		34,6	31,0	33,6	38,6		20,6	22,4	28,1	41,0	
Versuchsanstalt	20,7	24,5	34,1	34,6		33,3	39,0	49,0	62,4		32,4	33,0	45,5	61,9	
Cement-Marke U.															
C. Prüßing	27,7	39,2	51,0	50,5		41,2	55,3	76,0	73,2		32,9	57,0	77,2	70,3	
Dr. Prüßing	23,6	33,2	38,7	41,0		36,7	36,5	44,6	45,0		34,0	35,2	45,5	50,7	
Versuchsanstalt	23,9	38,3	45,9	42,1		36,8	35,4	41,4	39,4		32,0	32,5	44,0	53,5	

Tab. 9. Zusammenstellung der Mittelwerthe der in der Versuchsanstalt ausgeführten Versuche auf Zugfestigkeit der Rheinsandmörtel 1 + 3.

Mittlere Zugfestigkeit kg/qcm.

Mischung	1 Gew.-Thl. Cement + 3 Gew.-Thl. Rheinsand					Bemerkungen
Alter	28 Tage	3 Monate	1 Jahr	2 Jahre	4 Jahre	
Cement A	18,5	23,1	27,6	30,3		
„ B	18,5	24,6	29,1	28,8		
„ C	21,8	28,9	30,7	29,7		
„ D	22,0	26,5	35,7	38,4		24 Stunden im
„ F	18,8	22,8	33,6	35,4		feuchten Raume, die
„ G	19,3	23,2	29,6	27,8		übrige Zeit unter
„ H	21,2	23,9	31,8	34,4		Wasser erhärtet
„ J	20,1	21,8	29,9	26,8		
„ L	21,0	22,4	28,8	30,1		
„ U	22,1	26,9	33,2	33,8		
Mittel	**20**,3	**24**,4	**31**,0	**31**,6		
Cement A	30,6	44,9	35,2	60,9		
„ B	31,7	38,2	49,2	63,3		
„ C	29,9	35,3	39,0	39,2		24 Stunden im
„ D	33,5	39,5	43,0	49,5		feuchten Raume, drei
„ F	31,5	37,5	44,6	59,2		Tage unter Wasser,
„ G	30,4	32,9	45,5	49,5		dann in Kellerluft
„ H	33,1	34,4	46,2	57,2		erhärtet
„ J	35,0	33,0	49,2	47,0		
„ L	33,4	39,2	48,2	58,4		
„ U	36,3	33,3	40,6	51,7		
Mittel	**32**,5	**36**,8	**44**,1	**53**,6		
Cement A	24,5	42,4	38,6	59,7		
„ B	24,6	32,0	44,0	53,8		
„ C	27,2	37,3	47,6	45,1		
„ D	30,1	39,4	46,9	59,5		24 Stunden im
„ F	30,3	37,4	42,8	59,6		feuchten Raume, dann
„ G	26,8	30,3	43,9	49,4		in Kellerluft erhärtet
„ H	32,4	35,2	45,5	57,8		
„ J	27,8	29,1	44,7	46,2		
„ L	30,0	29,6	48,2	61,4		
„ U	33,0	23,5	44,8	57,5		
Mittel	**28**,7	**33**,6	**44**,7	**55**,0		

c. Kochprobe nach Michaelis (Tab. 5 und 5a):

Die in der Versuchsanstalt gefundenen Ergebnisse der Kochprobe (Tab. 5) lassen erkennen, daß zwischen dünnen und dicken Kuchen kein wesentlicher Unterschied besteht (die dünnen scheinen etwas empfindlicher zu sein). Deshalb ist die Trennung nach der Form der Kuchen in Tab. 5a fallen gelassen und sind diejenigen Erscheinungen dargestellt worden, welche die Kochprobe allgemein an den verschiedenen Versuchsstellen bei frischen Kuchen und solchen, die 1, 2, 3 und 4 Wochen im Wasser gelegen haben, gezeigt hat. Die Ergebnisse beweisen, daß die bei der ersten Prüfung kochunsicheren Cementkuchen um so kochsicherer werden — also raumbeständiger zu werden scheinen —, je länger die Kuchen im Wasser gelegen haben. (Daß im Allgemeinen abgelagerte Cemente das Kochen besser vertragen als frische, ist bekannt.)

Die Versuche beweisen also, daß die Kochprobe zu Trugschlüssen führen kann, weil nicht ersichtlich ist, ob durch sie hervorgetretene Beschädigungen auf

Tab. 9a. **Zugfestigkeit der Rheinsandmörtel 1 + 3.**
Mittelwerthe aller Kommissionsmitglieder kg/qcm.

Versuchs-stelle	24 Stunden an der feuchten Luft, dann im Wasser erhärtet					24 Stunden an der feuchten Luft, 3 Tage im Wasser, dann an der Luft erhärtet					24 Stunden an der feuchten Luft, dann an der Luft erhärtet				
	28 Tage	3 Monate	1 Jahr	2 Jahre	4 Jahre	28 Tage	3 Monate	1 Jahr	2 Jahre	4 Jahre	28 Tage	3 Monate	1 Jahr	2 Jahre	4 Jahre
Cement-Marke A.															
Meyer	18,8	25,3	32,3	40,5		32,1	39,9	38,3	40,6		32,6	33,1	31,9	46,0	
Schumann . .	20,1	22,9	32,4	38,3		28,0	29,4	38,9	51,3		24,8	25,6	37,3	47,3	
Versuchsanstalt	18,5	23,1	27,6	30,3		30,6	44,9	35,2	60,9		24,5	42,4	38,6	59,7	
Cement-Marke B.															
C. Prüßing . .	21,8	27,6	31,7	36,6		37,4	42,5	77,1	77,3		34,5	46,4	68,6	64,4	
Dr. Prüßing .	18,7	22,8	30,5	35,8		34,3	45,2	54,5	60,4		31,5	36,9	52,8	58,5	
Versuchsanstalt	18,5	24,6	29,1	28,8		31,7	38,2	49,2	63,3		24,6	32,0	44,0	53,8	
Cement-Marke C.															
Schiffner . . .	25,1	25,8	31,6	30,7		38,5	41,0	60,0	65,6		26,3	33,4	41,1	62,8	
Schindler . . .	23,5	23,7	28,7	33,5		37,1	27,4	36,6	43,3		33,0	24,8	29,8	42,3	
Versuchsanstalt	21,8	28,9	30,7	29,7		29,9	35,3	39,0	39,2		27,2	37,3	47,6	45,1	
Cement-Marke D.															
Schott	20,5	26,0	34,1	33,2		31,5	35,5	47,2	63,8		28,3	32,3	43,5	53,4	
Paulsen	22,9	28,6	33,1	36,2		40,4	42,5	62,4	74,5		32,1	36,8	55,9	65,3	
Versuchsanstalt	22,0	26,6	35,7	38,4		33,5	39,5	43,0	49,5		30,1	39,4	46,9	59,5	
Cement-Marke F.															
Meyer	19,7	22,9	35,9	34,3		29,2	31,7	38,5	47,9		28,2	28,1	37,6	54,2	
Schumann . .	20,5	22,2	30,8	35,4		32,1	33,6	40,3	46,3		23,4	27,4	35,3	44,4	
Versuchsanstalt	18,8	22,8	33,6	35,4		31,5	37,5	44,6	59,2		30,3	37,4	42,8	59,6	
Cement-Marke G.															
Schott	18,5	23,0	26,8	28,1		27,3	38,6	55,0	57,4		23,5	33,2	43,5	36,3	
Paulsen	21,6	28,3	32,3	35,6		36,6	37,1	62,8	76,3		29,5	34,5	54,1	55,7	
Versuchsanstalt	19,3	23,2	29,6	27,8		30,4	32,9	45,5	49,5		26,8	30,3	43,9	49,4	
Cement-Marke H.															
Meyer[1])	—	—	—	—		—	—	—	—		—	—	—	—	
Schumann . .	20,5	26,8	33,9	36,9		32,0	35,3	43,9	51,3		26,4	31,4	40,3	48,2	
Versuchsanstalt	21,2	23,9	31,8	34,4		33,1	34,4	46,2	57,2		32,4	35,2	45,5	57,8	
Cement-Marke J.															
C. Prüßing . .	24,6	31,8	32,6	34,0		35,9	54,9	73,7	78,9		30,1	53,8	65,9	65,2	
Dr. Prüßing .	20,3	22,3	27,0	28,5		32,7	32,9	50,8	56,0		25,2	25,0	44,3	50,1	
Versuchsanstalt	20,1	21,8	29,9	26,8		35,0	33,0	49,2	47,0		27,8	29,1	44,7	46,2	
Cement-Marke L.															
Schiffner . . .	23,8	26,7	31,5	32,0		40,9	36,4	47,1	65,5		31,4	36,9	52,7	63,0	
Schindler . . .	14,7	20,8	24,0	32,8		19,7	19,9	33,9	44,9		16,9	16,2	25,5	29,4	
Versuchsanstalt	21,0	22,4	28,8	30,1		33,4	39,2	48,2	58,4		30,0	29,6	48,2	61,4	
Cement-Marke U.															
C. Prüßing . .	24,8	33,4	38,4	39,5		40,9	53,6	77,5	79,2		34,3	57,7	70,2	73,3	
Dr. Prüßing .	22,2	26,7	33,6	35,5		36,4	34,2	46,8	52,5		31,0	31,0	42,6	53,3	
Versuchsanstalt	22,1	26,9	33,2	33,8		36,3	33,3	40,6	51,7		33,0	23,5	44,8	57,5	

---

[1]) Der Cement H wurde nicht untersucht, weil er alle beschleunigten Proben bestanden hatte.

Tab. 10.   Zusammenstellung der Mittelwerthe der Versuchsanstalt in Bezug auf den Einfluß der Erhärtungsart.

Mittlere Zugfestigkeit kg/qcm.

Mischung	1 Gew.-Thl. Cement + 1 Gew.-Thl. Rheinsand			1 Gew.-Thl. Cement + 3 Gew.-Thl. Rheinsand		
Erhärtungsart	24 Stunden im feuchten Raume, die übrige Zeit unter Wasser	24 Stunden im feuchten Raume, drei Tage im Wasser, dann in Kellerluft	24 Stunden im feuchten Raume, dann in Keller-luft	24 Stunden im feuchten Raume, die übrige Zeit unter Wasser	24 Stunden im feuchten Raume, drei Tage im Wasser, dann in Kellerluft	24 Stunden im feuchten Raume, dann in Keller-luft
Nach 28 Tagen						
Cement A	24,9	32,9	28,4	18,5	30,6	24,5
" B	21,1	34,0	30,9	18,5	31,7	24,6
" C	31,0	37,8	32,7	21,8	29,9	27,2
" D	26,3	36,3	32,7	22,0	33,5	30,1
" F	24,7	33,6	34,5	18,8	31,5	30,3
" G	26,1	41,7	36,2	19,3	30,4	26,8
" H	23,9	30,5	33,3	21,2	33,1	32,4
" J	26,3	35,6	34,4	20,1	35,0	27,8
" L	20,7	33,3	32,4	21,0	33,4	30,0
" U	23,9	36,8	32,0	22,1	36,3	33,0
Nach 3 Monaten						
Cement A	32,6	48,9	38,5	23,1	44,9	42,4
" B	29,1	45,1	42,3	24,6	38,2	32,0
" C	40,0	45,9	37,3	28,9	35,3	37,3
" D	34,9	40,7	36,1	26,5	39,5	39,4
" F	26,8	40,7	41,1	22,8	37,5	37,4
" G	33,0	37,7	35,9	23,2	32,9	30,3
" H	26,9	40,3	34,8	23,9	34,4	35,2
" J	30,1	42,7	36,8	21,8	33,0	29,1
" L	24,5	39,0	33,0	22,4	39,2	29,6
" U	38,3	35,4	32,5	26,9	33,3	23,5
Nach 1 Jahr						
Cement A	38,2	41,7	39,7	27,6	35,2	38,6
" B	39,6	54,7	55,4	29,1	49,2	44,0
" C	45,8	41,4	45,2	30,7	39,0	47,6
" D	47,8	36,5	36,4	35,7	43,0	46,9
" F	38,5	49,7	46,6	33,6	44,6	42,8
" G	41,6	43,8	42,0	29,6	45,5	43,9
" H	37,8	45,2	48,7	31,8	46,2	45,5
" J	39,5	51,6	48,2	29,9	49,2	44,7
" L	34,1	49,0	45,5	28,8	48,2	48,2
" U	45,9	41,4	44,0	33,2	40,6	44,8
Nach 2 Jahren						
Cement A	38,8	43,6	41,5	30,3	60,9	59,7
" B	38,1	52,8	50,5	28,8	63,3	53,8
" C	42,4	39,4	57,2	29,7	39,2	45,1
" D	42,8	62,5	50,1	38,4	49,5	59,5
" F	37,7	62,9	64,3	35,4	59,2	59,6
" G	44,4	53,1	51,4	27,8	49,5	49,4
" H	43,8	66,1	68,6	34,4	57,2	57,8
" J	38,1	46,2	49,4	26,8	47,0	46,2
" L	34,6	62,4	61,9	30,1	58,4	61,4
" U	42,1	39,4	53,5	33,8	51,7	57,5

Tab. 11. **Ergebnisse der Beobachtung von 10 Cementen im Witterungseinfluß.**

Von jedem Cement wurden hergestellt:

   2 Medaillons,

   2 Rosetten,

   2 Kanaldeckel.

Je ein Probestück blieb drei Tage im geschlossenen Raum (Halle) und ist bezeichnet mit dem Buchstaben des Cementes, dem Datum der Anfertigung und dem Zeichen 3 T. H. Nach drei Tagen kamen die Proben ins Freie.

Die übrigen drei Probestücke blieben vier Wochen im geschlossenen Raum und kamen hierauf ins Freie. Sie tragen die Bezeichnung 4 W. H.

Alle Probestücke sind in gleicher Weise hergestellt, nämlich aus einem sogenannten Vorguß von 1 Cement + 1 Rheinsand, einem „Nachguß" von 1 Cement + 2 Rheinsand und aus darauf gestampftem Beton von 1 Cement + 4 Kiessand. (Alle Mischungen nach Maßtheilen.)

Cementarbeiten für den Verein deutscher Portlandcement-Fabrikanten.

Cementmarke	Versuchsobjekt	Angefertigt am	Bezeichnet	Im bedeckten Raume	Ins Freie gesetzt am	Besichtigt am		
A	Medaillon ..	13. 3. 96	A. 13. 3. 96. 3 T. H.	3 Tage	16. 3. 96	13. 6. 96	13. 3. 97	13. 3. 98
	Rosette	„	„	„	„		gut	gut
	Kanaldeckel ..	„	„	„	„	gut	Kantenrisse	Kantenrisse
	Medaillon ..	13. 3. 96	A. 13. 3. 96. 4 W. H.	4 Wochen	10. 4. 96		gut	gut
	Rosette	„	„	„	„		gut	gut
	Kanaldeckel ..	„	„	„	„		Kantenrisse	Kantenrisse
							gut	gut
B	Medaillon ..	19. 3. 96	B. 19. 3. 96. 3 T. H.	3 Tage	22. 3. 96	19. 6. 96	19. 3. 97	19. 3. 98
	Rosette	„	„	„	„	gut	gut	gut
	Kanaldeckel ..	„	„	„	„	Kantenrisse	Kantenrisse	Kantenrisse
	Medaillon ..	19. 3. 96	B. 19. 3. 96. 4 W. H.	4 Wochen	16. 4. 96	gut	gut	gut
	Rosette	„	„	„	„	gut	gut	gut
	Kanaldeckel ..	„	„	„	„	starke Kantenrisse	starke Kantenrisse	starke Kantenrisse
						gut	gut	gut
C	Medaillon ..	19. 3. 96	C. 19. 3. 96. 3 T. H.	3 Tage	22. 3. 96	19. 6. 96	19. 3. 97	19. 3. 98
	Rosette	„	„	„	„			
	Kanaldeckel ..	„	„	„	„	gut	gut	gut
	Medaillon ..	19. 3. 96	C. 19. 3. 96. 4 W. H.	4 Wochen	16. 4. 96			
	Rosette	„	„	„	„			
	Kanaldeckel ..	„	„	„	„			
D	Medaillon ..	19. 3. 96	D. 19. 3. 96. 3 T. H.	3 Tag	22. 3. 96	19. 6. 96	19. 3. 97	19. 3. 98
	Rosette	„	„	„	„	gut	gut	gut
	Kanaldeckel ..	„	„	„	„	einige Kantenrisse	einige Kantenrisse	Kantenrisse
	Medaillon ..	19. 3. 96	D. 19. 3. 96. 4 W. H.	4 Wochen	16. 4. 96	gut	gut	gut
	Rosette	„	„	„	„	gut	„	ein Riß (Arm)
	Kanaldeckel ..	„	„	„	„	viele Kantenrisse	viele Kantenrisse	viele Kantenrisse
						gut	gut	gut
F	Medaillon ..	28. 3. 96	F. 28. 3. 96. 3 T. H.	3 Tage	31. 3. 96	28. 6. 96	28. 3. 97	28. 3. 98
	Rosette	„	„	„	„	gut	gut	gut
	Kanaldeckel ..	„	„	„	„	ein Kantenriß	2 Kantenrisse	2 Kantenrisse
	Medaillon ..	28. 3. 96	F. 28. 3. 96. 4 W. H.	4 Wochen	25. 4. 96	gut	gut	gut
	Rosette	„	„	„	„	gut	„	gut
	Kanaldeckel ..	„	„	„	„	gut	Kantenrisse	Kanten= u. Haarrisse
						gut	gut	gut
G	Medaillon ..	11. 5. 96	G. 11. 5. 96. 3 T. H.	3 Tage	15. 5. 96	11. 8. 96	11. 5. 97	11. 5. 98
	Rosette	„	„	„	„		gut	gut
	Kanaldeckel ..	„	„	„	„	gut	Kantenrisse	Kantenrisse
	Medaillon ..	11. 5. 96	G. 11. 5. 96. 4 W. H.	4 Wochen	8. 6. 96		gut	gut
	Rosette	„	„	„	„		„	gut
	Kanaldeckel ..	„	„	„	„		1 Kantenriß	2 Kantenrisse
							gut	Haarrisse (Oberhaut)

Tabelle 11 (Fortsetzung).

Cementmarke	Versuchsobjekt	Angefertigt am	Bezeichnet	Im bedeckten Raume	Ins Freie gesetzt am	Besichtigt am		
H	Medaillon . .	11. 5. 96	H. 11. 5. 99. 3 T. H.	3 Tage	15. 5. 96	**11. 8. 96** gut	**11. 5. 97** gut	**11. 5. 98** gut
	Rosette	"	"	"	"	gut	Kantenrisse	Kantenrisse
	Kanaldeckel . .	"	"	"	"	gut	gut	Haarrisse (Oberhaut)
	Medaillon . .	11. 5. 96	H. 11. 5. 96. 4 W. H.	4 Wochen	8. 6. 96	ein kleiner Riß	2 kleine Risse	Risse nicht mehr aufzufinden
	Rosette	"	"	"	"	mehrere kl. Risse	Kantenrisse	Kantenrisse
	Kanaldeckel . .	"	"	"	"	gut	Haarrisse in der Oberhaut	Haarrisse (Oberhaut)
J	Medaillon . .	28. 3. 96	J. 28. 3. 96. 3 T. H.	3 Tage	31. 3. 96	Kamen stumpf aus den Formen, am 28. 6. 96, gut	**28. 3. 97** gut	**28. 3. 98** gut
	Rosette	"	"	"	"		"	gut
	Kanaldeckel . .	"	"	"	"		"	gut
	Medaillon . .	28. 3. 96	J. 28. 3. 96. 4 W. H.	4 Wochen	25. 4. 96		"	gut
	Rosette	"	"	"	"		1 Kantenriß	2 Kantenrisse
	Kanaldeckel . .	"	"	"	"		gut	Haarrisse (Oberhaut)
L	Medaillon . .	28. 3. 96	L. 28. 3. 96. 3 T. H.	3 Tage	31. 3. 96	**28. 6. 96** gut	**28. 3. 97** gut	**28. 3. 98** gut
	Rosette	"	"	"	"		"	gut
	Kanaldeckel . .	"	"	"	"		"	gut
	Medaillon . .	28. 3. 96	L. 28. 3. 96. 4 W. H.	4 Wochen	25. 4. 96		feine Risse	Innen feine Risse und Kantenrisse
	Rosette	"	"	"	"		gut	gut
	Kanaldeckel . .	"	"	"	"		"	Haarrisse (Oberhaut)
U	Medaillon . .	22. 5. 96	U. 22. 5. 96. 3 T. H.	3 Tage	26. 5. 96	**22. 8. 96** gut	**22. 5. 97** gut	**22. 5. 98** gut
	Rosette	"	"	"	"		Kantenrisse	Kantenrisse
	Kanaldeckel . .	"	"	"	"		gut	Haarrisse (Oberhaut)
	Medaillon . .	22. 5. 96	U. 22. 5. 96. 4 W. H.	4 Wochen	19. 6. 96		gut	gut
	Rosette	"	"	"	"		Kantenrisse	viele Kantenrisse
	Kanaldeckel . .	"	"	"	"		gut	Haarrisse (Oberhaut)

den frischen Zustand des Cementkuchens oder etwa auf andere Ursachen (Fabrikationsfehler) zurückzuführen sind. Um dies zu entscheiden, müßte man sich mindestens mehrere Wochen Zeit zur Prüfung lassen und damit würden die Kochproben aus der Reihe der **beschleunigten** Proben ausscheiden.

B. Normenfestigkeit und Raumbeständigkeit nach 28 Tagen (Tab. 6).

Die Prüfungsergebnisse der 28 Tage alten Proben bilden den Maßstab für die normenmäßige Beurtheilung der Cemente. Dies hat Veranlassung gegeben, sie besonders zusammenzustellen und mit der Kochprobe und Preßkuchenprobe zu vergleichen, soweit für diese gleichalterige Prüfungen ausgeführt wurden.

Nach den Ergebnissen der Normenprobe wären — wie bereits erwähnt — sämmtliche Cemente als raumbeständig anzusehen, nach den Ergebnissen der Koch- und Preßkuchenprobe dagegen nicht und zwar scheinen hiernach die Marken A, B, C, F, J, U besonders unzuverlässig zu sein.

Die Festigkeitsergebnisse nach 28 Tagen kennzeichnen nur die Cemente L und U als normenmäßig; U ist aber nach der Koch- und Preßkuchenprobe der unzuverlässigste Cement.

Die Cemente D und G, welche durch die Kochprobe als verdächtig gekennzeichnet wurden, sind nur in der Druckfestigkeit hinter den Normen zurückgeblieben; die Cemente F und H da-

Tab. 12. Ergebnisse der chemischen Analyse.

Cement-Marke	In Salzsäure unlöslicher Rückstand %	Kieselsäure %	Eisenoxyd %	Thonerde %	Kalk %	Magnesia %	Schwefelsäure %	Glühverlust %
A	0,75	21,27	3,28	6,34	63,62	0,91	0,91	2,26
B	1,06	21,10	2,69	7,93	58,67	1,98	1,62	2,55
C	0,36	19,47	4,12	8,41	61,23	1,70	1,73	1,36
D	1,12	19,49	3,20	8,86	59,49	1,37	1,54	4,22
F	1,58	21,31	3,22	7,64	56,92	2,27	2,25	2,89
G	0,67	21,25	2,80	7,44	62,03	1,08	1,43	1,91
H	0,41	22,54	2,80	6,25	60,08	1,55	1,79	2,28
J	0,71	20,96	2,73	7,45	61,12	1,86	1,62	2,42
L	0,91	20,34	2,82	7,94	59,88	1,06	1,40	2,67
U	0,49	20,63	3,01	6,52	61,88	0,72	2,14	2,70

gegen, welche die Kochprobe bestanden, genügen den Normen weder in Bezug auf Zug- noch auf Druckfestigkeit.

Das Verhalten der Cemente in Bezug auf Raumbeständigkeit nach der Kochprobe und der Preßkuchenprobe im Vergleich zur Festigkeit ist somit durchaus kein gesetzmäßiges, was übrigens auch nicht erwartet wurde.

Die Festigkeit aller Cemente schwankt in sehr weiten Grenzen und auch das Verhältniß der Zugfestigkeit zur Druckfestigkeit ist sehr wechselnd, selbst wenn man die Mittelwerthe aus den Ergebnissen je dreier Versuchsstellen in Betracht zieht. Außerdem zeigen die Ergebnisse der Versuchsstellen unter einander z. Th. große Abweichungen, die in der verschiedenartigen Versuchsausführung und den wechselnden Temperaturverhältnissen begründet sind. Im Allgemeinen sind die Cemente, normenmäßig betrachtet, hinsichtlich der Festigkeit minderwerthig.

Weiter unten wird noch gezeigt werden, daß ganz allgemein der Erhärtungsfortgang nicht nur in der Mischung mit Normalsand, sondern auch mit Rheinsand in fetter und magerer Mischung unabhängig ist von denjenigen Eigenschaften, welche durch die beschleunigten Raumbeständigkeitsproben angezeigt werden.

C. Messung der Längenänderung (Tab. 7, 7a, 7b).

Die in der Tab. 7b zusammengestellten Mittelwerthe der Messungen aller betheiligten Kommissionsmitglieder weichen für die einzelnen Cemente so erheblich von einander ab, daß die Ergebnisse zu Schlußfolgerungen über die größere oder geringere Raumbeständigkeit der Cemente nicht benutzt werden können.

Die Ansichten der Kommissionsmitglieder über die Brauchbarkeit des Meßverfahrens mit dem Bauschinger-Apparat unter Verwendung von Glas- oder Metallplättchen gingen in Folge dieses Ergebnisses auseinander, dennoch sind die Mittelwerthe mitgetheilt worden, weil sie vielleicht Anlaß zu einer Verbesserung der Meßmethode geben. Trotz der Abweichungen an den einzelnen Versuchsstellen ist aus den Ergebnissen zu ersehen, daß die meisten geprüften Cemente (A, B, C, D, G, H) in reinem Zustande sich bei der Erhärtung unter Wasser bis zu 2 Jahren ausdehnen. Die Ausdehnung schreitet nach 3 Monaten Alter der Proben nur noch langsam fort. Die Stäbe aus dem Mörtel 1:3 zeigen meist (B, C, D, G, H, L) bis zu einem Jahr Alter geringe Dehnung und beginnen dann wieder zu schwinden. Die Mittelwerthe aus den Messungen der Versuchsanstalt sind in Tab. 7a und in den Schaulinien Fig. 3 und 4 dargestellt.

Auffallende Abweichungen zeigen bei diesen Versuchen die Stäbe aus reinem Cement U, die schon nach 28 Tagen bedeutende Dehnung aufweisen, die bis zu 2 Jahren noch zunimmt.

Die Stäbe aus Sandmörtel 1 : 3 zeigen in der Versuchsanstalt stärkere Schwindungen, als die Stäbe aus reinem Cement und zwar beginnt die Schwindung, wie der Verlauf der Schaulinien deutlich zeigt, meist nach einem Jahre erheblich zu werden.

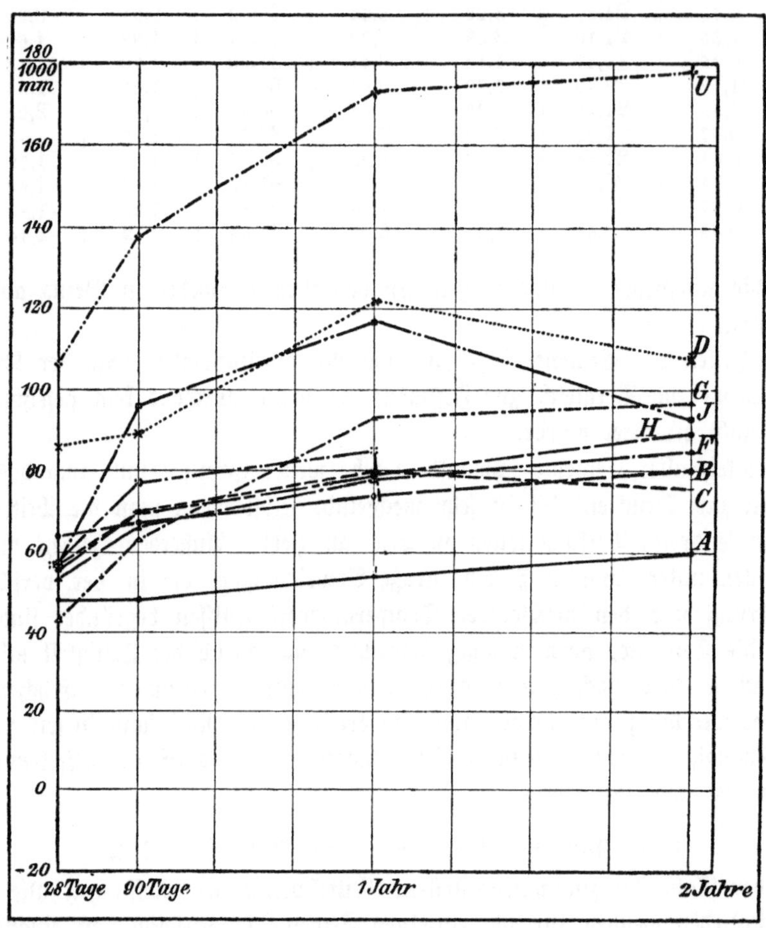

Fig. 3. Längenänderungen von Stäben aus reinem Cement bis zu 2 Jahren Alter.
(Messungen der Versuchsanstalt.)

D. Festigkeit der Cemente mit Rheinsand.

Aus Tab. 8, 8a, 9, 9a und 10 läßt sich folgendes ersehen:

1. Wassererhärtung. Die Festigkeit der Cemente unter Wasser nimmt bis zu Jahresfrist, sowohl in der Mischung 1 : 1, wie 1 : 3 bei sämmtlichen Cementen stetig zu. Von 1 bis 2 Jahr Alter hat die Festigkeit der Cemente sich im Allgemeinen nicht wesentlich geändert, sie scheint nur beim Cement C etwas zurückgegangen zu sein.

2. 3 Tage Wasser, dann Lufterhärtung. Die Festigkeit der Cemente hat für diese Erhärtungsart bei den meisten Cementen in beiden Mischungen einen ziemlich regelmäßigen Fortgang genommen und bei einzelnen schließlich eine beträchtliche Höhe erreicht. Cement J hat nach einem Jahr einen Festigkeitsrückgang erlitten. Andere Cemente weisen

Schwankungen im Erhärtungsfortgang auf (A, C, G, J, L, U), die bei dem Cement C erheblich sind. C hat in der Mischung 1 : 1 Festigkeitsverminderung erlitten und zeigt in der Mischung 1 : 3 nur geringen Festigkeitszuwachs. Geringe Festigkeitszunahmen haben auch die Cemente L und U.

Kein Cement hat sich indessen als besonders unzuverlässig in Bezug auf Festigkeit erwiesen. Wie weit die vorkommenden Abweichungen auf Fehler des Versuchsverfahrens oder andere Umstände zurückzuführen sind, läßt sich schwer feststellen.

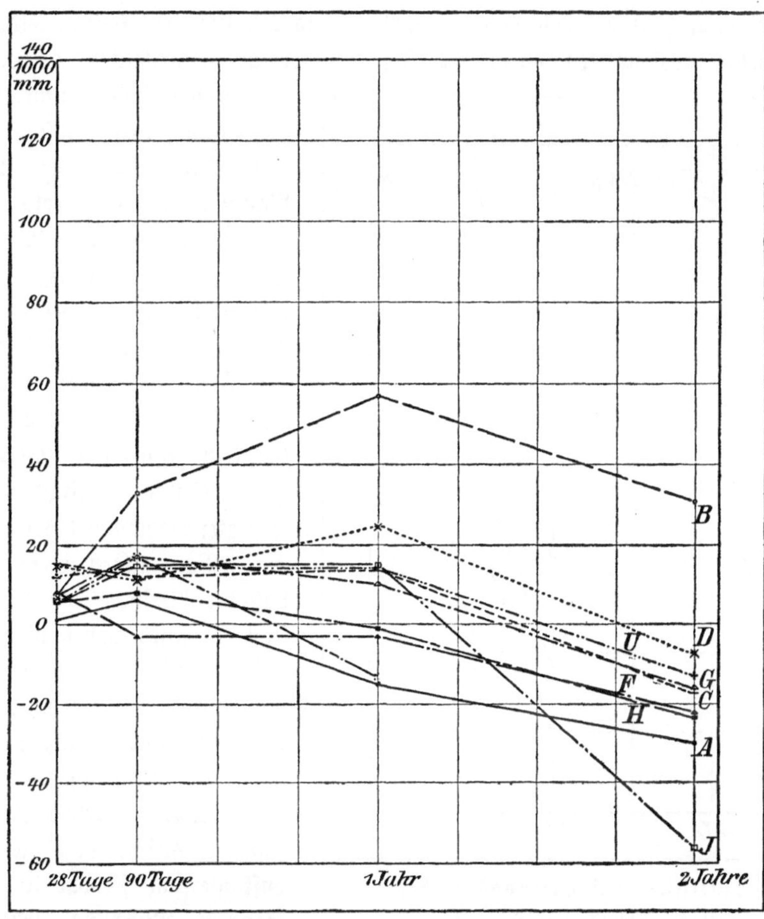

Fig. 4. Längenänderungen von Stäben aus 1 + 3 Mörteln von Cement bis zu 2 Jahren Alter. (Messungen der Versuchsanstalt.)

3. Lufterhärtung. Bei Betrachtung der Festigkeitsergebnisse der an der Luft erhärteten Proben fällt besonders auf, daß häufig an demselben Cement von der einen Versuchsstelle Festigkeitsrückgang beobachtet wurde, von der anderen dagegen im gleichen Zeitabschnitte nicht. Daraus ist zu schließen, daß auf die Körper dieser Versuchsreihen besonders stark örtliche (klimatische) Einflüsse gewirkt haben. Wärme und Feuchtigkeit der Luft sind bei der Erhärtung der Proben an der Luft naturgemäß von besonderem Einfluß, und da sie niemals an zwei Orten gleich sein werden, können auch die Festigkeitszahlen, welche an verschiedenen Orten beim Erhärten an der Luft gefunden wurden, nicht direkt mit einander verglichen werden.

Dieser Einfluß kommt naturgemäß bei den Zugfestigkeitsprobekörpern wegen deren kleinen Querschnittsabmessungen noch mehr zum Ausdruck, als dies bei Druckkörpern der Fall sein würde.

Im Durchschnitt aus allen Versuchen zeigt sich, daß die meisten Cemente ihre Festigkeit auch an der Luft weiter entwickelt haben, wenn auch der Erhärtungsfortgang bei einzelnen (G, J, U) nur gering ist, und wenn auch wiederholt in einzelnen Zeitabschnitten, namentlich nach 3 Monaten, scheinbar Festigkeitsrückgänge eintreten (B, D, G, J in der Mischung 1:1 und A, C, G, L, U in der Mischung 1:3).

Am unzuverlässigsten scheinen in diesen Reihen die Cemente G und J zu sein.

Betrachtet man nun die während des Erhärtungsverlaufes der Festigkeitskörper der verschiedenen Cemente beobachteten durch die Festigkeitswerthe festgestellten abweichenden Erscheinungen insgesammt, so wird man vergeblich einen Zusammenhang mit den Ergebnissen der beschleunigten Raumbeständigkeitsproben suchen. Zum Beispiel haben die Cemente F und H sich in den beschleunigten Proben nicht wesentlich anders verhalten, wie die Cemente C und L, während sich bei den Festigkeitsproben die Cemente F und H besonders durch regelmäßigen Erhärtungsfortgang auszeichnen und gerade C und L auffallend schwankende Festigkeitszahlen geliefert haben.

Von allgemeinem Interesse ist, daß die Versuche den erheblichen Einfluß der Aufbewahrungsart der Proben auf die spätere Festigkeit gezeigt haben. Namentlich aus den Mittelwerthen der Versuchsanstalt (Tab. 8, 9 und 10) und der nach ihnen aufgetragenen zeichnerischen Darstellung (Fig. 5) ist klar ersichtlich, daß die Cemente bei Luftlagerung sowohl in fetter als in magerer Mischung erheblich höhere Festigkeiten erreichen, als bei Wasserlagerung, und daß bis zu 3 Monaten Alter die Festigkeit solcher Proben am höchsten ist, die einige Tage im Wasser liegen und dann an die Luft kommen.

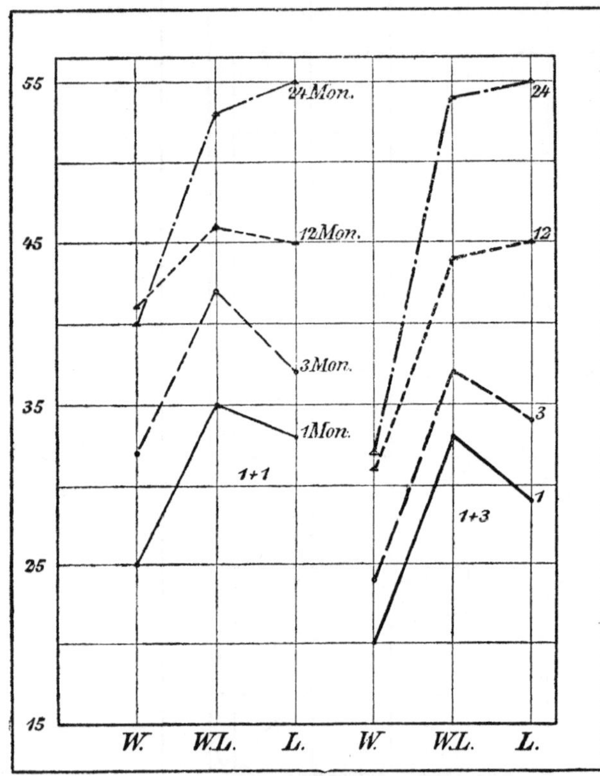

Fig. 5. Einfluß der Erhärtungsart bei verschiedenem Alter.
(Mittel aus 10 Cementen der Versuchsanstalt.)

Erklärlicher Weise machen sich diese Einflüsse auf die Zugfestigkeit der mageren Mischung stärker geltend, als auf die der fetteren Mischung, weil letztere dichtere Körper erzielt.

E. Verhalten der Cementwaaren im Freien.

Alle Medaillons, Rosetten und Kanaldeckel waren, bevor sie ins Freie gesetzt wurden, gut erhärtet, fest und bis zu 4 Wochen rißfrei. Später haben sich jedoch beim Lagern im Freien an den Proben mehrfach Kantenrisse und feine Haarrisse gebildet, erstere namentlich an den Rosetten, letztere an den Kanaldeckeln.

Die Kantenrisse sind vorwiegend an denjenigen Proben aufgetreten, welche erst nach 28 Tagen ins Freie kamen, die also in geschlossenem Raum länger feucht gehalten wurden und dadurch in ihrer absichtlich fetten Vorgußschicht gegen Rißbildung empfindlicher geworden waren, als die schon nach 3 Tagen ins Freie gesetzten Proben.

Die Erscheinung, daß namentlich die Ränder der Rosetten zu Rißbildung neigen, ist vielleicht dadurch zu erklären, daß die Vertheilung der Masse in diesen Rändern besonders ungünstig ist, da sich der vorspringende Rand, der mehr als andere Stellen von dem Vorguß aufnimmt, nach hinten zu stark verdickt, so daß an dieser Stelle schädlich wirkende Oberflächenspannungen bei jedem Wärme- und Feuchtigkeitswechsel auftreten müssen.

Mit fortschreitendem Alter haben sich an den einzelnen Stücken die Risse vermehrt; Haarrisse in der Oberhaut sind im Wesentlichen erst nach 2 Jahren vorwiegend an den Kanaldeckeln der Cemente G, H, J, L, U beobachtet worden.

Es scheint, als sei die Mahlung der Cemente auf die Neigung zur Rißbildung von Einfluß. Die 4 gröbsten Cemente C, G, J und L haben die wenigsten Risse. Das bestätigt die anderweitig gemachte Erfahrung, daß Cemente von gröberer Mahlung weniger zur Bildung von Schwindrissen neigen, als sehr fein gemahlene Cemente.

Die ganze Art der Risse läßt darauf schließen, daß es sich hier thatsächlich nicht um Treibrisse, sondern um Schwindungsrisse handelt, die auf rasche Austrocknung der Oberflächen zurückzuführen sind, wie denn auch bekanntlich die meisten Cementwaaren, die in den äußeren Schichten aus fetten Cementmischungen bestehen, im Freien verhältnißmäßig schnell sich mit feinen Haarrissen überziehen.

Vergleicht man die Zahl und Stärke der an den beobachteten Gegenständen aufgetretenen Risse mit dem Verhalten der Cemente bei den beschleunigten Raumbeständigkeitsproben, so läßt sich zwischen beiden Beobachtungsarten keine Abhängigkeit erkennen.

Sieht man von den beobachteten feinen Rissen ab, so sind sämmtliche Cementgegenstände nach mehr als zweijähriger Beobachtungsdauer als gut erhärtet, scharfkantig und wohlerhalten befunden worden; sie werden weiter beobachtet.

F. Chemische Zusammensetzung.

Vergleicht man schließlich die Ergebnisse der chemischen Analyse mit den Ergebnissen der übrigen Proben und dem Verhalten der Cemente im Freien, so läßt sich auch aus ihnen kein Zusammenhang der Erscheinungen erkennen.

Schlußfolgerungen.

Das Ergebniß der vorliegenden Versuche kann dahin zusammengefaßt werden, daß keine der sogenannten beschleunigten Raumbeständigkeitsproben geeignet ist, ein in allen Fällen zuverlässiges und schnelles Urtheil über die Verwendbarkeit eines Cementes in der Praxis zu gestatten.

Die Versuche haben ferner dargethan, daß alle zehn Cemente, welche die Kuchenprobe nach den Normen bestanden haben, auch bei der Verwendung zu Probekörpern und zu Cementwaaren raumbeständig (im Sinne der Praxis) sind. Die Festigkeitszunahme der Probekörper beim Erhärten in Wasser und Luft spricht für die praktische Verwendbarkeit der Cemente.

Die auf Seite 3 dieses Berichtes erwähnte Behauptung, daß die Normenproben zur Beurtheilung eines Cementes ungenügend seien, besonders dann, wenn der Cement bei der praktischen Verwendung an der Luft erhärten soll, hat durch die Versuche der Kommission keine Bestätigung erfahren. Die Kommission ist indessen bereit, noch weitere Versuche auszuführen und ersucht hiermit die Befürworter der beschleunigten Raumbeständigkeitsproben, solche Cemente in ausreichender Menge zur Verfügung zu stellen, welche die Normenproben bestehen, den beschleunigten Proben nicht genügen und in der Praxis treiben. Die Cemente würden thunlichst bis zum 1. Oktober 1900 an die Versuchsanstalt zu senden sein.

Bis es gelingt, eine Raumbeständigkeitsprobe aufzufinden, welche die Prüfung zuverlässig und in kürzerer Zeit als die Normenprobe gestattet, muß die Kuchenprobe der Normen als entscheidend beibehalten werden.

Bei der praktischen Verwendung von Portlandcement empfiehlt es sich jedoch, in solchen Ausnahmefällen, in denen der Cement bei höherer Wärme beansprucht werden soll, den Cement auch unter ähnlichen Verhältnissen bei höheren Wärmegraden zu prüfen, wie bei den oben behandelten beschleunigten Proben.

Für die Redaktion verantwortlich: **A. Martens.** — Verlag von **Julius Springer** in Berlin.

Druck von E. Buchbinder in Neu-Ruppin.